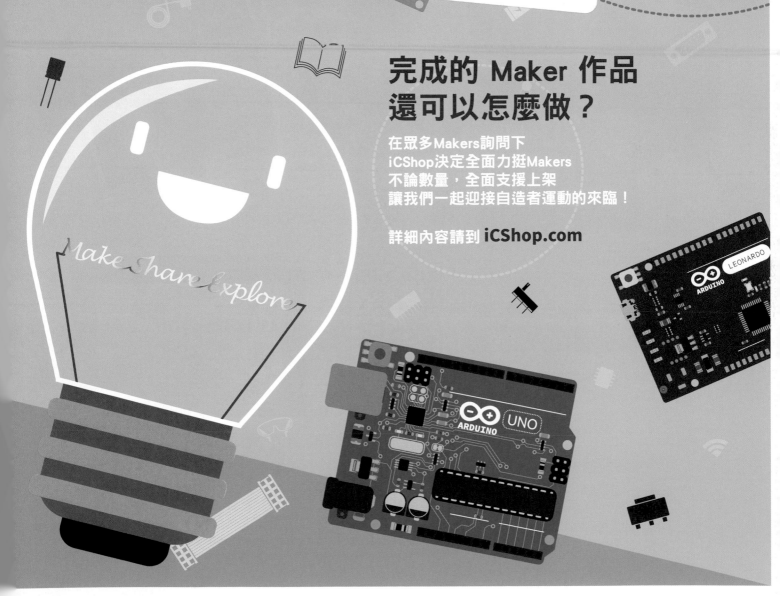

Make: EBOOK

訂閱數位版Make國際中文版雜誌，
讓精彩專題與創意實作活動隨時提供您新靈感！

Make:

http://www.makezine.com.tw/ebook.html

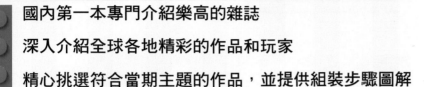

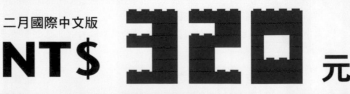

CONTENTS

SPECIAL SECTION
MAD HACKS

56

68

24

16

封面故事:
繼R2-D2之後,BB-8成為人人想打造
的新機器人(赫普·斯瓦迪雅攝影)。

26

makezine.com/46

注意:科技、法律以及製造業者常於商品以及內
容物刻意予以不同程度之限制,因此可能會發生
依照本書內容操作,卻無法順利完成作品的情況
發生,甚至有時會對機器造成損害,或是導致其
他不良結果產生,更或是使用權合約與現行法律
有所抵觸。

讀者自身安全將視為讀者自身之責任。相關責
任包括:使用適當的器材與防護器具,以及需衡
量自身技術與經驗是否足以承擔整套操作過程。
一旦不當操作各單元所使用的電動工具及電力,
或是未使用防護器具時,非常有可能發生意外之
危險事情。

此外,本書內容不適合兒童操作。而為了方便
讀者理解操作步驟,本書解說所使用之照片與插
圖,部分省略了安全防護以及防護器具的畫面。

有關本書內容於應用之際所產生的任何問題,
皆視為讀者自身的責任。請恕泰電電業股份有限
公司不負因本書內容所導致的任何損失與損害。
讀者自身也應負責確認在操作本書內容之際,是
否侵害著作權與侵犯法律。

跟著 InnoRacer™ 2S 去旅行吧！

關於速度的競逐，你需要32位元 Cortex M3核心晶片，完備的速度控制程式庫、高轉速的直流馬達、6軸姿態感測器、良好抓地力的矽膠輪胎、以及充滿電力的11.1V鋰聚電池。還有一杯咖啡，釋放你對速度追求的熱情與品味！

利基應用科技股份有限公司
www.innovati.com.tw

Maker Faire Taipei   MAKER X EDU WEEK 2016

免費入場
10：00～17：00

創客嘉年華
Maker Faire Taipei 2016

5/7-5/8
@士林科教館

Maker Faire Taipei 官網

主辦單位：**Make:Taiwan**

共同主辦： 國立臺灣科學教育館 National Taiwan Science Education Center   財團法人資訊工業策進會 INSTITUTE FOR INFORMATION INDUSTRY

財團法人臺北市社子文教基金會

www.makerfaire.com.tw

國家圖書館出版品預行編目資料

Make：國際中文版／ MAKER MEDIA 編.
-- 初版 . -- 臺北市：泰電電業，2016. 2　冊；公分
ISBN：978-986-405-021-5　（第22冊：平裝）
1. 生活科技
400　　　　　　　　　　　　　　　　105002499

EXECUTIVE CHAIRMAN
Dale Dougherty
dale@makermedia.com

CEO
Gregg Brockway
gregg@makermedia.com

*

CREATIVE DIRECTOR
Jason Babler
jbabler@makezine.com

*

EDITORIAL

EXECUTIVE EDITOR
Mike Senese
mike@makermedia.com

PRODUCTION MANAGER
Elise Tarkman

COMMUNITY EDITOR
Caleb Kraft
caleb@makermedia.com

PROJECTS EDITORS
Keith Hammond
khammond@makermedia.com
Donald Bell
donald@makermedia.com

TECHNICAL EDITORS
David Scheltema
Jordan Bunker

EDITOR
Nathan Hurst

EDITORIAL ASSISTANT
Craig Couden

COPY EDITOR
Laurie Barton

LAB MANAGER
Marty Marfin

EDITORIAL INTERNS
Sophia Smith
Nicole Smith

**DESIGN,
PHOTOGRAPHY
& VIDEO**

ART DIRECTOR
Juliann Brown

DESIGNER
Jim Burke

PHOTOGRAPHER
Hep Svadja

VIDEO PRODUCER
Tyler Winegarner

VIDEOGRAPHER
**Nat Wilson-
Heckathorn**

MAKEZINE.COM

DESIGN TEAM
Beate Fritsch
Josh Wright

WEB DEVELOPMENT TEAM
Clair Whitmer
Bill Olson
David Beauchamp
Rich Haynie
Matt Abernathy

國際中文版譯者

Madison：2010年開始兼職筆譯生涯，專長領域是自然、科普與行銷。

王修聿：成大外文系畢業，專職影視和雜誌翻譯。視液體麵包為靈感來源，相信文字的力量，認為翻譯是一連串與世界的對話。

孟令函：畢業於師大英語系，現就讀於師大翻譯所碩士班。喜歡音樂、電影、閱讀、閒晃，也喜歡跟三隻貓室友說話。

屠建明：目前為全職譯者。身為愛丁堡大學的文學畢業生，深陷小說、戲劇的世界，但也曾主修電機，對任何科技新知都有濃烈的興趣。

張婉秦：蘇格蘭史崔克萊大學國際行銷碩士，輔大影像傳播系學士，一直在媒體與行銷界打滾，喜歡學語言，對新奇的東西毫無抵抗能力。

敦敦：兼職中英日譯者，有口譯經驗，喜歡不同語言間的文字轉換過程。

謝孟璇：畢業於政大教育系、臺師大英語所。曾任教育業，受文字召喚而投身筆譯與出版相關工作。

謝明珊：臺灣大學政治系國際關係組碩士。專職翻譯雜誌、電影、電視，並樂在其中，深信人就是要做自己喜歡的事。

Make：國際中文版22

（Make：Volume 46）

編者：MAKER MEDIA
總編輯：周均健
副總編輯：顏妤安
編輯：劉盈孜
版面構成：陳佩娟
部門經理：李幸秋
行銷總監：鍾珮婷
行銷企劃：洪卉君
出版：泰電電業股份有限公司
地址：臺北市中正區博愛路76號8樓
電話：（02）2381-1180
傳真：（02）2314-3621
劃撥帳號：1942-3543 泰電電業股份有限公司
網站：http://www.makezine.com.tw
總經銷：時報文化出版企業股份有限公司
電話：（02）2306-6842
地址：桃園縣龜山鄉萬壽路2段351號
印刷：時報文化出版企業股份有限公司
ISBN：978-986-405-021-5
2016年3月初版　定價260元

版權所有‧翻印必究（Printed in Taiwan）
◎本書如有缺頁、破損、裝訂錯誤，請寄回本公司更換

**Vol.23
2016/5
預定發行**

www.makezine.com.tw 更新中！

下列網址提供本書之注釋、勘誤表與訂正等資訊。 makezine.com.tw/magazine-collate.html

重製史上首套簡訊系統
Re-Inventing the First Text Message System

想更深入了解繼電器、裴吉馬達與學生的經驗，
可以到 makezine.com/46/welcome。

文：戴爾・多爾帝，Maker Media創辦人與執行長　譯：謝孟璇

參觀維吉尼亞州阿爾伯馬爾郡（Albemarle County）的薩瑟蘭（Sutherland）中學時，我看到一群學生用3D列印、雷射切割、衣架鐵絲纏繞的零件來製作馬達。教室前方螢幕上有一個3D模擬馬達圖形。該堂課的老師羅比・孟西（Robbie Munsey）向我解釋，學生正試著重製裴吉馬達（Page motor）——這款馬達的名字取自它的發明者查爾斯・葛雷頓・裴吉（Charles Graton Page），並於1854年取得專利。孟西說：「參考過往的發明，是讓學生接觸科學並了解科學的好方法。」不滿現行科學課程的他，希望課堂上有更多實作。裴吉馬達清楚展示了馬達該有的功能與運作方法，動手實際製作的學習成效也最好。

一開始，孟西在取得複雜材料時遇上不少困難；不過他認識了維吉尼亞州大柯里教育學院（Curry School of Education）的教授葛蘭・布爾（Glen Bull）。他對3D列印懷抱熱忱，（參考《MAKE》國際中文版Vol.17《教室裡的實驗室》）。孟西說：「葛蘭借我一臺真的非常老舊的3D印表機，要我把它帶回去，看看能變出什麼把戲。」孟西照做，結果這臺機器果真為他解決了材料問題。他表示：「它什麼都能印，我發現學生們也很入迷。」

布爾邀請孟西加入他的科技教育線上研究課程。該課程其中一個任務是自製一臺電報機；孟西非常感興趣，靠一己之力便完成了。布爾知道後欣喜若狂，問他八年級的學生是否也做得到。「那當然，」孟西答。於是孟西邀請薩瑟蘭中學裡另一位經營自造者空間的工程教師艾瑞克・布萊德（Eric Bredder），一同在課堂上協作帶領。

孟西相信，對學生而言，以3D列印零件打造電報機最實用也最有意義。「我告訴他們，電報機是人類史上第一套簡訊系統，」他說。「現代的繼電器都是一些你打不開的塑膠盒。即使打開了，你也搞不懂它們在幹嘛。相反地，這些老舊發明最棒的地方，就是你能親眼目睹它們的運作原理。」

孟西和布萊德提供了像是專利申請等原始文獻給學生。學生得在沒有成套工具或說明手冊的狀況下，試著了解它的原理，並設計出自己的版本。他們後來憑著 Autodesk 123D 與一臺全新 MakerBot 3D印表機成功再次製造出電報機。孟西說：「我們全都沒想到竟然能成功。」

布爾為他們的成果雀躍不已，建議他們展示給華盛頓特區史密森尼博物館的人看。於是他們發表了簡報，「他們全都看傻了，」孟西說。這次成果展，促成了維吉尼亞州大、史密森尼博物館與薩瑟蘭中學三方正式合作，甚至成功申請到美國國家科學基金會（NSF）的獎學金。

後來，布爾又聯絡了歷史發明領域的專家、任職普林斯頓大學的麥可・立特曼（Michael Littman），他帶著一位研究生與3D模型模擬器加入了合作課程。

該課程的第二項挑戰，便是重製裴吉馬達。孟西說：「很難，超級難。」但是學生竟然又成功了。「製造裴吉馬達的過程裡，學生總算了解到它的神奇與它的瑕疵，」他說。「然後我問他們，你會怎麼改善？你要如何改善？它的外型能否更貼近原版的裴吉馬達？」對話中，學生們開始用起專業術語來——「轉換器的摩擦力太大」、「我們的拉電流有三安培，要怎麼降低？」——這讓孟西很欣慰。它不再只是一堂科學實作課，而是屬於學生自己的科學實作。

「我從來沒教過他們有關馬達的知識，一堂課也沒有。現在不是我硬把知識塞給他們了，而是他們主動在吸收，」孟西說，「選擇的力量真是不可思議。」

「孩子說，當研究史上經典科學發明、並研讀發明家的文字時，確實感應到了像摩斯等偉大發明家的心思，」孟西說。「當我向學生點出，這些發明家當時尚未完全理解電學，我這才發現我的學生何嘗不也是如此。發明家與我的學生在理解上都存有盲點，但我們仍能探討科學。」學生不僅因此對發明略知一二，更了解到，發明家的思考曾經與他們並無二致。 ⊘

Hep Svadja

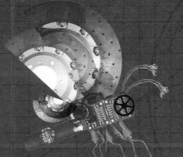

MAKER X EDU WEEK 2016

Maker Faire Taipei 2016

MAKER EDU WEEK
自造X教育週
－手·創自己的世代－

2016/5.5-5.8
士林科教館

指導單位： 教育部

主辦單位： 國立臺灣科學教育館
National Taiwan Science Education Center

協辦單位： Make:Taiwan

MADE ON EARTH

綜合報導全球各地精采的DIY作品

跟我們分享你知道的精采的作品
editor@makezine.com.tw

譯：敦敦

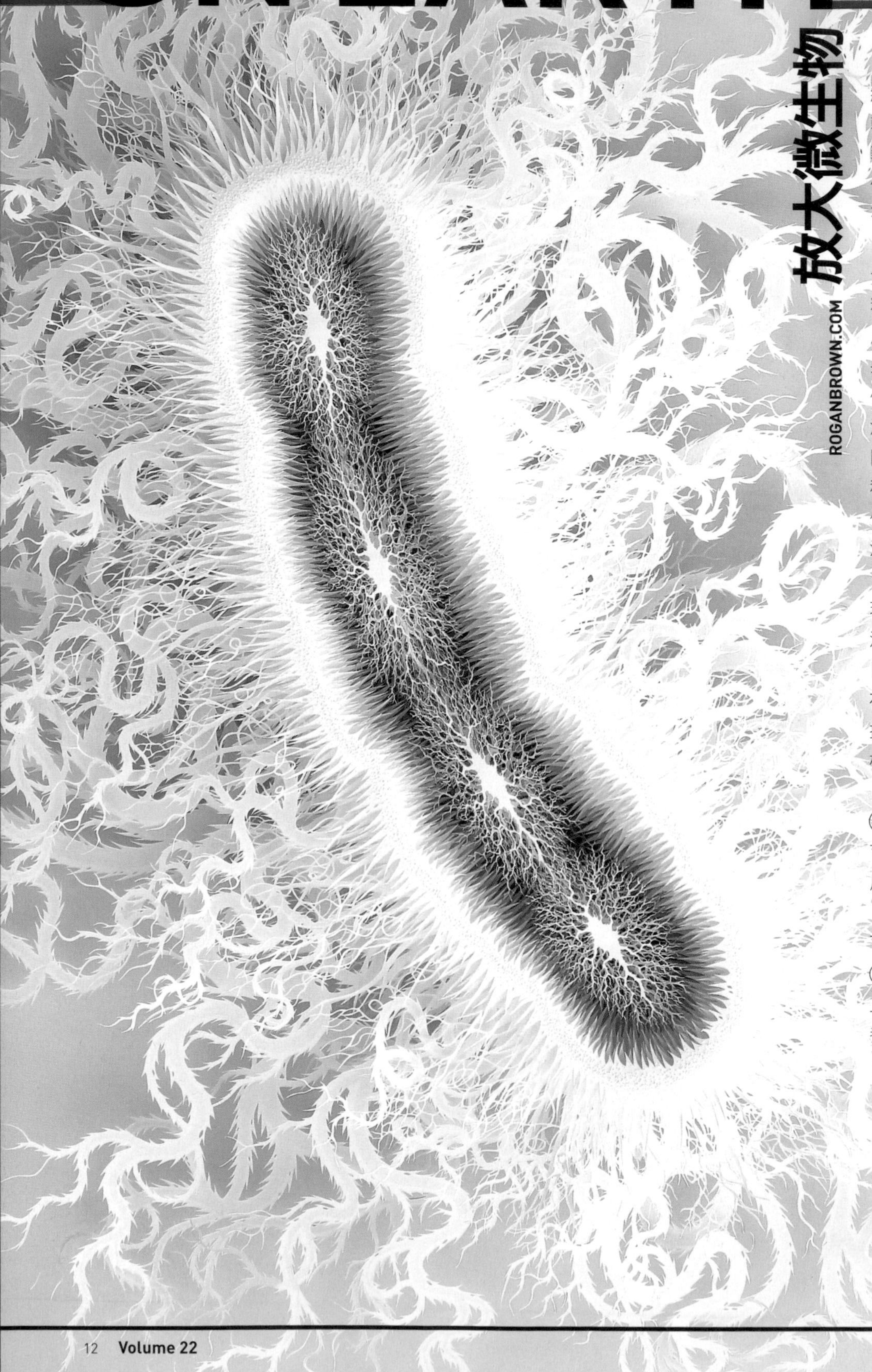

放大微生物

ROGANBROWN.COM

羅根‧布朗（Rogan Brown）自稱為科學超現實主義者。他用紙製作了一個以時間為第四座標軸的4D微生物紙雕。這位48歲藝術家所稱的時間座標，指的是他用Epilog雷射雕刻機製作紙雕花費的4至5個月。

布朗喜歡使用紙做為材料的第一首選是因為「紙是隨處都有的材料，任何人都可輕易取得。我使用平常的技術讓大眾可以接觸某些超越他們理解範圍的事物。」在倫敦住了許多年後，布朗選擇南法一個靠近國家公園邊界的衛星區域做為新據點，「我嘗試尋找一種方法來觀察身邊的事物，因為傳統的藝術形式在於呈現大自然沒有顯露的部分。」他說。

布朗買了顯微鏡並記錄對身邊環境的精細觀察，發現自己對此深深著迷。「由科學精細描繪出的自然界看起來是完全的超現實。」布朗解釋，「我們生活在一個科技掛帥的時代，藝術家也致力於這樣表述作品。」

布朗的微生物展覽「隱形的你」（Invisible You）將會在英國的教育慈善團體Eden Project園區中展出，為期5年。

今年6月到10月，他也在荷蘭The Coda Museum展出「暴動」（Outbreak），整個美術館的牆上爬滿了裝在巨大半圓形皮氏培養皿的800隻微生物。

——拉‧瑞納‧默里

Rogan Brown

奇幻氣球世界

BALLOONMANOR.COM

德魯·雷普利（Drew Ripley）
是一位全職的造型氣球藝術家。不
管是生日派對或是主流藝術專題，
他藉由折空氣的藝術來娛樂大眾。
當折氣（Arigami）的賴瑞·摩斯
（Larry Moss）和凱利·切特爾
（Kelly Cheatle）邀請他幫忙氣球
莊園（Balloon Manor，短時間的
大規模氣球造型裝置），他便組織
了60人的團隊為紐約羅徹斯特的老
白貨公司注入了新活力。

驚奇海底冒險（The Amazing
Air-Filled Under-Sea
Adventure）使用了超過40,000
個氣球佔據了5層樓中間的天井。
這是一個瘋狂的活動──藝術家為
了藍圖埋頭苦幹時，空氣壓縮機在4
天之中從不停歇，支撐氣球的設備
也都架在高空。

為了充氣許多需要的氣球，充氣
設備必須要能正確、快速地打進所
需的空氣量。雷普利和摩斯不滿於
商業用打氣機的可靠及準確性，於
是打造了一臺可編程，在2015氣球
莊園唯一使用的全自動設備：充氣
者（Inflatinator）。

他們使用麵包板完成第1臺原型：
在塑膠容器中裝著一片Arduino及
一些螺線管，再請當地工程師保
羅·沃克（Paul Walker）協助重
新設計成一個安全且耐用的機器。
為了未來氣球造型藝術的發展，團
隊將持續加強充氣者的功能性及生
產力。

「經過工作16小時，我開心回家
後雖疲勞，但還是很興奮。」雷普
利說，當我去每個地方，那個我可
以給人們異想天開的想法、感覺自
由以及讓他們覺得人生很美好的瞬
間，還有什麼比這更棒的呢？」
　　──艾格尼絲·涅維亞多姆斯基

Arigami

2015年灣區MAKER FAIRE

MAKERFAIRE.COM

1

Hep Svadja

Evan Jones

2

3

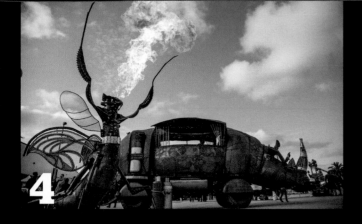

4

5

Juliann Brown

6

Hep Svadja

Maker Faire舉辦進入第10個年頭了,見證過許多最大的、最棒和最美的作品。Maker Faire漸趨成熟,而且一直秉持初衷;參與的Maker也持續帶來驚奇,彼此激發靈感。10週年了,Maker Faire始終如一,這裡有些Maker Faire中精彩的精選圖片。

1. 高聳於南區(the SouthLot)的機器人復興(Robot Resurrection)。
2. 裘莉(Zolie)坐在她的三葉蟲車(Trilobite car)上。
3. 一場熱情洋溢的3D列印義肢時裝秀。
4. 與火祈禱(Praying with Fire)與拯救犀牛(Rhino Redemption)。
5. 瘋狂任務(Mission Delirium)團體在機械天體(Celestial Mechanica)前奏樂。
6. 詹姆斯·派特森(James Peterson)的作品,會感應觸碰而變色的天南星(Sessilanoid)。
7. 保羅·瑟斯基(Paul Cesewski)由乘坐者為動力的腳踏車摩天輪(Bicycle Ferris Wheel)。
8. 漆黑的嘉年華廳(Fiesta Hall)中,通電的小型特斯拉線圈。
9. 四處遊走的R2-D2軍隊。

7

8 9

SPACE CHASE

太空競賽
「碳起源」團隊
跑到沙漠
試射火箭，
卻發現事情
比想像的
還困難。

文：奈森·赫斯特
譯：謝孟璇

凱莉·夏拉、丹娜·托里歐、潔咪·哈登與阿摩格·瑟朗格瑞軍，與碳起源「鳳凰0.3」火箭在發射日早晨第一次（也是最後一次）大合照。

如果從加州莫哈維（Mojave）往北開上航空高速公路（Aerospace Highway），在一條小路右轉往東，行經一片碎石地表、沙地、接著一片乾湖床，最後你就會抵達「火箭愛好友」（Friends of Amateur Rocketry，FAR）試射地。這十英畝光禿禿的偌大沙漠坐落在山谷與加州沙漠龜保護區之間，上頭布滿了數百次火箭試射實驗後殘留的痕跡。

2015年四月裡一個炎熱的晴朗週日，「碳起源」（Carbon Origins）這間由四位凱斯西儲大學（Case Western Reserve University）工程系學生成立的新公司，便是在這裡試射了長10呎、直徑4吋的銀黑色針狀火箭「鳳凰0.3」（Phoenix 0.3）。火箭裡有六個商用飛行控制器與三片他們客製的獨特面板，以便追蹤預計飛行空速逾2.5馬赫、高度達43,000英呎的火箭。

火箭尚未組裝前，體積尚能安然裝入丹娜・托里歐（Danna Torio）的Toyota Highland休旅車後車廂；多虧這臺車，碳起源團隊才有辦法將火箭從加州近郊的自家裡／公司總部運到FAR場地。阿摩格・瑟朗格瑞軍（Amogha Srirangarajan）站在平臺上的火箭旁手動裝上電子儀器。儀器在玻璃纖維下發出提示音，確認就緒。

「發射後，它一定渾身凹陷、四處是傷。」他感性地說。幾呎處，凱莉・夏拉（Kailey Shara）正確認GPS裝置已連上衛星。接著，所有人退到附近的沙坑，瑟朗格瑞軍撥了通視訊電話給不克出席的第四位共同創辦人彼得・迪克森（Peter Dixon）。

瑟朗格瑞軍說，昨晚大家都沒睡；不過自願參加試射的托里歐與潔咪・哈登（Jaimie Hadden）坦承剛在車上小睡了片刻。

倒數計時了！從10開始。但是數到了0，卻毫無動靜。

灰燼中誕生了另一架火箭，與一間新公司。

Hep Svadja

沙漠中的房子

碳起源團隊的成軍可從克里夫蘭凱斯西儲大學的火箭社團說起。社團由瑟朗格瑞軍成立，逐漸擴張為學校最受歡迎的組織之一。

這個社團曾在猶他州發射一艘18英呎長的雙節火箭，可惜它炸毀了。超過23,000美元的校內獎金、贊助金與私人投資就這樣煙消雲散。他們不清楚失敗原因，因為當時，根本還沒有能搭載在火箭上監控飛行過程的控制感測器。

他們根據發射時的影片，費了九牛二虎之力把散落四方的殘骸重新組裝起來，這才弄清楚，第一節火箭發射時沒有問題；最合理的猜測——也是最符合經驗的猜測，雖不能百分之百肯定——是飛行控制器出了問題，本應在第二節才點燃的控制器在第一節就搶先引爆了。那不僅炸毀了機身，夏拉說，引擎也隨之爆炸。

「那艘雙節火箭野心不小，」她說。「算是把飛行控制器逼到了最極限。」

社團中有些人企圖心更強。瑟朗格瑞軍、夏拉、迪克森與托里歐於是脫了隊，就此成立「碳起源」公司；公司目標之一是希望讓全民更容易探索太空，之二是希望製造合適的工具，好比說當時缺席的飛行控制感測器。就是因為這樣，才有碳起源團隊後來客製成功、與Arduino相容的耐用控制器——「阿波羅」（Apollo）。

「我們有志一同，知道做火箭不單純是一樁興趣而已。」碳起源的總裁兼執行長瑟朗格瑞軍說。「灰燼中誕生了另一架火箭，與一間新公司。」

「我們會竭盡所能，讓同為火箭愛好的人在上了大學，或在平日生活中，都有基礎能力造出很酷的玩意，也有足夠資源飛上天。這是我們最大的目標。」他說。

2014年夏天，這個團隊搬到加利福尼亞城（California City），租了一間四房的屋子，屋子附了滿是石塊的小院子與賦稅沉重的空調。他們在這開設了團隊工作室，說是工作室，其實是設置在客廳空間裡，裡頭放了一臺鑽床、獅威（shop-vac）吸塵器、MakerBot、CAD專用的超大螢幕、明亮的工作檯與一座裝滿螺栓

與小零件的大型儲物櫃。房間裡見得到寫滿計算式與圖表的五面白板，以及一臺三個面都有白板筆擦拭痕跡的冰箱。

車庫裡則以另五面白板作牆面裝飾，這使它搖身一變，成了間螢光白牆的辦公室。辦公室中有Form1 3D印表機、電腦割字機、DJI Phantom 空拍飛行器、喝光的紅牛（Red Bull）能量飲料，與幾張朝內的桌子，桌子乍看之下好像星際巡航艦上的艦橋。車庫門沒有遙控器可開啟，為了抵禦沙漠的酷熱，門的四周已被封死，雖然三不五時沙塵與小蟲子還是會趁隙鑽進來。

不過這棟房子最重要的部分是在廚房旁邊。那兒有一架比例1：8、有效載荷、以太空為目標的雙節火箭模型，這是他們的終極任務。他們不知道它到底有什麼用途，但他們念茲在茲的，就是做出一艘屬於Maker的探空火箭。「這個模型是要提醒我們自己勿忘初衷。」托里歐說。

製造火箭需要的絕多數工具這裡應有盡有。「有間像這樣的房子，一起床能直接走入工作室，簡直太棒了。」瑟朗格瑞軍說。他們也不太需要出門；托里歐的車子是團隊唯一的交通工具。瑟朗格瑞軍說他甚至很少帶錢包，因為很少有哪筆開銷不與公司有關。

搬到人口只有14,120人的加利福尼亞城，很大的原因之一是這裡不易分心。說實話，社交活動相當欠缺。他們閒暇時會駕駛塞斯納172（Cessna 172）小型飛機（迪克森從16歲就開始駕駛飛機）上青天，有空逛逛「家得寶」（Home Depot）零售商場，比賽開卡丁車，玩遙控四軸飛行器，或從不同方向往沙漠裡開，看看最終跑到哪。餓了，就從傑斯（Jesse's）點外送，鎮上兩間披薩餐廳其中一間。平時有來往的人，其實也多半是太空愛好者。

「莫哈維是另一個世界，」瑟朗格瑞軍說。「你在那裡遇到的每個人都愛死了太空。那兒有一個貨真價實的航空站，如果我們真的想，好比說在明天，試射火箭上太空，去那裡準沒錯。」

「火箭很難」

製作模型火箭十幾年來都是學校課程裡的重點項目。做火箭，只要拿個筒狀紙

火箭引擎裡有什麼？

製造更好的火箭引擎需花費極大功夫。因此碳起源認為，最好把手中的資源用在優化火箭，引擎的部分則採外包；但也有其他學生與專家各自實驗著不同的燃料。最常見的是下列三種：

固態推進劑：以黑色粉末與氧化劑共同壓縮而成。固態引擎的設計目的就是避免爆炸，燃料會均勻燃燒並從尾端排氣。有些會加入炸藥，以便燃料耗盡後彈射降落傘，或用來引燃第二階段。

液態推進劑：液態引擎在燃燒室裡融合了石油燃料與氧化劑。它們比固態引擎穩定，但是可以重複使用，也可以節流。

混合推進劑：通常燃料部分是固體，氧化劑則被灌入其中，火箭燃燒更一致且更節流。

碳起源多感測阿波羅面板。

負載板（上圖）與鳳凰0.3殘骸（下圖）。

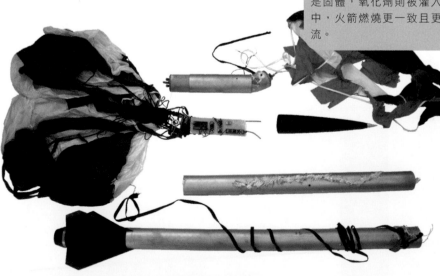

Amogha Srirangarajan

Duchesne Torio

板，黏上穩定鰭、鼻錐，裝入引擎，就得了。

「模型火箭一直以來使用相同的基本材料，」美國火箭技術協會加州利佛摩分部（LUNAR）負責人大衛·雷蒙迪（David Raimondi）說，「但現今有兩個最大的改變，一是現有的電子材料五花八門、尺寸齊全，另一是引擎動力容易取得。」

在家自製的模型火箭，其引擎原料多是來自埃斯蒂斯火箭公司（Estes Rockets）。它們是一捆一便士錢幣左右大小的淡棕色小圓柱，圓柱裡裝滿了純質且壓實的黑色火箭燃料，也就是所謂火藥。

「我們生意很好，很受歡迎，但情勢也在改變。」埃斯蒂斯火箭公司產品研發長麥克·費茲（Mike Fritz）說。「現在的消費者對成品快速的比較感興趣，會說我只有一小時的空閒，你建議我買什麼？」

埃斯蒂斯銷售的火箭引擎規模最大是G，但碳起源在鳳凰0.3身上用的規模卻達O；那是他們從加拿大「賽瑟若尼科技」（Cesaroni Technology）工業製造公司買進來的。每躍過一個字母便代表了加倍的動能，因此鳳凰0.3的能量會超過你中學時製作火箭的八千倍。

任何規模超過G的引擎都要經過美國火箭技術協會或的黎波里火箭協會（Tripoli Rocket Association）的認證允許，不過，費茲說，需要這種動力的火箭，可能會飛到你根本看不到的距離。這是為何機載電子設備很實用的原因。有了無線電或GPS追蹤，就算它真的飛到九霄雲外也不至於永遠行蹤成謎。測高儀（通常是氣壓式的）能讓你知道它已離地多高，並提供一些難靠肉眼分辨的資訊。

至於規模O的引擎，則能提供高達40,960牛頓-秒的推力。碳起源在鳳凰0.3身上使用的正好超過N，推力是21,062牛頓-秒，對一架63.4磅重的火箭而言綽綽有餘。根據他們的估算，這動力應足夠它衝刺到43,000英呎高，空速達2.5馬赫。

但是這股動力不會一股腦推著火箭飛到底；大約在發射後第六秒，瑟朗格瑞軍說，它的燃料會用盡。但它會以超過音速兩倍的速度繼續前進，憑剩下的動能再往前

想要知道
火箭發射的原理？
可以參考《Make: Rockets》，Maker Shed（makershed.com）網站有售。內容說明影響火箭發射的空氣動力學，還提供簡單的火箭DIY專題，從水瓶火箭到兩級負載量的火箭都有。

推，時間持續約一分鐘之久。當它到達極限、機上的控制器偵測到氣壓已停止變化之際，二氧化碳氣彈會釋出，好讓火箭張開並彈出漏斗型降落傘。這個較小的降落傘會先讓火箭的高度迅速降低至幾千英呎高，接著主降落傘會打開，繼續緩和下降速度。等它輕鬆著地時，速率應只有每小時十英哩。

不過，這艘火箭前身「鳳凰0.2」的遭遇卻不是如此。2014年六月發射時，它的降落傘在加速時就張開了。尼龍傘繩被鋁製機身絞壞，所以最後它的落地方式很直接——就是自由落體。團隊拾回它扭曲殘破的機身，安置在廚房裡火箭模型旁。飛行控制器顯示當時氣壓完全沒變化，可能是機身上那個讓火箭與飛行氣壓均等的小洞不知何故堵住了。測高儀測不到壓力變化，自然不曉得火箭的極限在哪，也不知何時該釋出降落傘。

「火箭很難，」夏拉說；鳳凰0.3上，他們刻意增設額外的飛行控制器與降落傘彈出器。

鳳凰0.2的墜毀不過是火箭試射失敗的其中一種狀況。FAR試射地是由一群有火箭工業背景的專家經營，他們讓大學社團借用，相關公司想試射也只需付一小筆費用。FAR總裁凱文·巴克斯特（Kevin Baxter）在發現學生有此需要後，協助買下這塊地。這塊地因位於愛德華空軍基地（Edwards Air Force Base）的保護傘範圍，所以沒有任何商業飛機能穿梭。2003年，FAR成為非營利組織。

各地的學生，包括南加州、美國西南部，甚至遠至馬里蘭州安那波利斯，每個月都會到此試射兩次。試射失敗是常有的，有時也會上演驚天動地的爆炸橋段。「試射失敗不就是學習經驗嘛，這在FAR屢見不鮮。」巴克斯特說。「因此才有了觀察用的壕溝與碉堡。」

星期六，碳起源團隊試射前24小時，一艘火箭在這墜毀了。那艘火箭身上有銀紅白三色，用的是液態氧燃料、3D列印引擎與寬式穩定鰭。它緩緩升空，幾乎在空中懸停，接著側身翻入風裡、飛了幾百呎遠，最後砰地一聲往地上栽，只剩一縷上升的煙塵。其他火箭工程師很快指出可能的問題。發射軌道太短，其中一位說，尤其它

Hep Svadja

阿波羅控制面板是凸緣打造，鍍金邊緣能吸熱；它等於能做為自己的吸熱器同時也是RF隔離板。熱能感測器非常精密，這樣布局的話所有零件能靠得更緊密，小小的面板上也得以容納11個感測器。三十二位元的ARM Cortex-M3處理器上能運作GPS、Wi-Fi、藍牙，還有加速器、磁量計、壓力感測器、紅外線與紫外線感測器等等。面積約1"×2"的面板以OLED螢幕大致覆蓋住，還有一個用以切換app與數據的軌跡球。

以它迷你尺寸與各形各色的感測器面板，阿波羅不僅在火箭技術領域裡屬獨一無二，在一般面板領域中也是絕無僅有──它吸引了火箭技術外的其他使用者，好比穿戴技術、無人機與物聯網裝置等。靠近鹽湖城的The Void（「虛空」）虛擬實境遊戲公司正在打造VR遊戲劇場；試想，若每個玩家都能配戴上裝載了阿波羅感測器的背心、頭盔與手套，他在遊戲中的行動就能清楚記錄。行動音箱製造商「圓頂糖果實驗室」（DomeCandy Labs）也藉著阿波羅的傳輸能力製造藍牙音箱的原型，以期提供客製音樂的回饋機制。

碳起源團隊在這領域可說是行情看漲，火紅到足以再成立副牌「碳實驗室」（Carbon Labs），延續這股開放的自造精神；但碳實驗室的宗旨特別是要做為數據感測器中樞，換句話說，是要讓阿波羅的應用變得更容易，無論實體或虛擬世界、甚至物聯網都能採用它的零件。瑟朗格瑞軍表示，碳實驗室會根據阿波羅架構提供客製產品。他們會去蕪存菁，從阿波羅面板上為每位客戶挑出適合的零件與軟體，大幅減少客戶的研發時間。

這兩部分──控制器（以及它對物聯網革命的潛在用途）與火箭試射──都是碳起源看重的計劃項目。

「我實在無法選邊站，」瑟朗格瑞軍說，「我在它們身上花的時間幾乎一樣，它們都是我的心肝寶貝。」

僅靠著存款和一些曾參與過且成功的創投基金，而毫無外界資金救援的狀況下，他們竟能發展到這裡。「我們現在有正現金流的優勢，並無立即需求，」瑟朗格瑞

的穩定鰭這麼大。軌道短，火箭無法釋出足夠速度；穩定鰭大，就像風向儀一樣，易因風傾斜。

這與穩定度有關；穩定度主要取決於質量中心（由重量決定）與壓力中心（由火箭形狀，尤其是穩定鰭造成的氣流決定）之間的距離。兩者距離愈遠，火箭就愈穩定。大的穩定鰭代表風在火箭上作用力更大，因此把壓力中心帶往離質量中心較遠的後方，造成火箭「超穩定」。結果就是──「砰！」

打造更好的面板

一開始，碳起源團隊只是想打造出心目中最好的火箭。不過他們後來明白，那種火箭必須配備的控制大腦根本還不存在。

因此，當其他自造者新創公司與火箭人著重在實驗引擎與改造火箭本身時，碳起源團隊卻改把火箭視為運輸媒介──無論實質作用上或意義上，夏拉說；它真正目的是要發射阿波羅控制器（現在就能以郵件預購阿波羅；已有逾五千人寄出訂單。預計會有初階版與專業版兩個版本）。

「電子設備是發射高動能火箭的重大關鍵，」夏拉說，「對小火箭來說，電子設備無關緊要，不過對大火箭而言，勝敗的關鍵就在內部追蹤與蒐集數據、使用不同的設備、電子儀器與攝錄影機等細節。」

「火箭屬於一種極端環境，只有在這裡頭我們有機會做出尖端的東西，」她繼續說，「這是許多自造專題無法觸及的範圍，我們的設備卻能置入其中並發揮作用。」

軍説，「但那確實在我們未來藍圖裡。」一旦阿波羅想以產品問世，他們就會試著走上創投的路。

故事緣起

與莫哈維不同的是，凱斯西儲大學並非是個適合發射火箭的地方。不過一成為大學新鮮人，瑟朗格瑞軍便找到了火箭社團與機器人社團。首先讓他入迷的是機器人學；自幼在印度長大的他，母親是電腦工程師，孩童時期他便學了許多程式語言，例如BASIC語言、Java語言與C語言。他常拜訪祖父的一位友人；這位老先生從印度海軍退役後買了許多土地，他們倆曾一起嘗試太陽能抽水機和灌溉技術。「我夏天的時候常去，那些發明、用電子零件做成的裝置，讓我眼界大開，」瑟朗格瑞軍説。約莫11歲時，也因這位老先生的幫助，他打造出生平首隻機器人。

「夏天時，做這些瘋狂又奇特的玩意來消磨時間説起來是超有挑戰的學習過程。我做出會噴火焰的機器人與雷射豎琴，還有一些我的同學多半不感興趣的專題。」他的企業家精神便來自於此：「先做好一樣東西，把它賣掉，再用賺到的錢去做其他東西。」

機器人帶領瑟朗格瑞軍走入太空——畢竟機器人通常是太空任務裡不可或缺的要角——而對太空的興趣則帶領他認識了共同創辦人。

碳起源的營運長托里歐出生於菲律賓。她會加入團隊，純粹是因為她熱愛太空。「很小時我就知道自己未來想做什麼。我想要當個太空人。這念頭從未消失。」她説。「NASA那條路非常繁瑣，很難保證它萬無一失，最終一定能得償宿願。」

火箭社團完全不像那些死記硬背、枯燥乏味的PowerPoint簡報課，「讓人最振奮的是你可以親身參與，確實把課本上學到的理論應用出來，真是太棒了。」

「大學不見得適合每個人，我就是活生生的案例，我超討厭大學，」她説，「我讀的是機械工程，有學士學位，但我一直到大四才看到系上出現親自實作的課程。」她跳過自己的畢業典禮，跑到佛羅里達州參加機器人比賽。

托里歐跳過了畢業典禮，但夏拉更絕，她徹底離開學校以創辦碳起源，擔綱電子部門副總裁。「這麼好的機會並非天天有，」她説，「財務上或資源上，我們社團不斷擴張、後勢看好，甚至超過一般大學社團會有的型態。」

這個決定很像她這個人會做的事。工程學院一直向她招手，院長傑弗禮·杜爾克（Jeffrey Duerk）透露，並讚她為「你希望大學裡會收到的那種學生。」她很快成為助教及同儕中的領袖；後來有次她成績掉下來，他與她談話。「她告訴我，『我是來這裡學習，不是來這裡拿好成績的。』」

還在嬰兒學步時夏拉就沉浸在電子世界裡；她的父親給了她一塊廢棄的電路板。「我一發現所有東西、所有家電用品內都有這塊電路板時，我們家立刻成了鎮上的電子廢棄回收中心。」

她很欣賞Arduino，認為是它啟發了碳起源。「就電子發展而言，我們竟然已經做到這個地步；一些原本可能需要政府資金才能完成的事，現在你只要上網從亞馬遜訂貨，幾天內就能送到你家門口。」這也是他們控制器置入火箭的原因，但願這樣一來，前往太空的道路更良於行。

夏拉與迪克森皆是自小就與父親一起玩火箭長大的；夏拉一家在加拿大蒙特羅，迪克森住在密西根安娜堡。迪克森總迫不及待要認識體型更大、飛得更快更高的火箭；而現在，他是碳起源航空副總裁。火箭做得愈精進，他愈滿意。「一旦你選擇了更堅硬的材料，像是鋁製火箭，讓航空電子學變得更尖端、取得更多數據，那才是工程科學大顯神威的時刻，」他説。「那是解決問題的開始，也是真正刺激我的動力。」

現在多虧阿波羅搜集到的資訊，火箭幾乎能在他們手中復活。「我們利用強大工具簡化了潛在的製作流程，因此，我們把阿波羅變成一把自造者與研發者都上手的萬用瑞士刀。」瑟朗格瑞軍説。

火箭升空了

倒數結束後的那一秒，鳳凰0.3點燃了。它從平臺上呼嘯升空，飛到大約3,000英呎處卻突然失去無線電聯繫。它

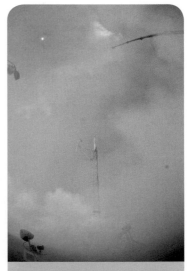

**想製造火箭
最好的第一步**

就是查看在地火箭社團。多數城市都有這類組織；不妨到 nar.org/find-a-local-club 搜尋一下你的鄰近地區。

我們把阿波羅變成一把自造者與研發者都上手的萬用瑞士刀。

三秒鐘對火箭已是永恆了。

變得很不穩定，以螺旋方式朝天空打轉了幾秒後，在一萬英呎左右爆裂開來。比較重的部分墜毀在 FAR 周邊，主要降落傘支離破碎地飄往南邊。

碳起源團隊們紛紛跑出沙坑，查看眼前一團混亂的慘景；還在視訊電話線上的迪克森連忙問怎麼了，大家去了哪裡。

「相當令人失望，我覺得。」瑟朗格瑞軍說，「但我追蹤到幾個部分，我有數據，有數據是好事。沒關係，失敗也好，因為我們也會有所獲得。」

一些模擬結果顯示火箭在 2 馬赫前便出現些許震盪；瑟朗格瑞軍說，他得在沙漠上仔細搜尋火箭殘骸並標記其 GPS 定點，這樣便能在 Google 地圖上重建墜毀範圍。可能是太多震盪造成火箭複合體斷裂，降落傘釋出並在空中拖曳，繼而產生了螺旋效果。但這只是猜測，要查明真相，關鍵還是要找回可能與主降落傘一併飄遠的飛行控制器。

那三枚阿波羅控制器與六組商用飛行控制器部分被裝在火箭鼻錐上、部分置於機身內。但是瑟朗格瑞軍找到頂端插在沙子裡的鼻錐時，裡頭卻什麼也沒有。機身底部殘骸落在不遠處，黑色鋁製穩定鰭已側彎；電子裝置槽還在，依然發出訊號音，不過只有一對無線電和三組現成的飛行控制器。「這真的能讓你明白火箭的能量與力道。」夏拉一邊撿起來一邊說。

「火箭很難，」她又說了一次。「但這不算是全然失敗。」如果能找回阿波羅，上頭的數據就能解釋哪裡出了錯。倘若運氣好，還能比較阿波羅之間、或來自商用控制器的數據，評估面板的準確度。

他們花了超過一週才找回主要降落傘；數日裡都以搜尋及拯救方法橫跨沙漠。他們租了一輛全地形車四處探尋，還祭出Phantom 無人飛行機，沿著地表上 150呎高的距離格狀飛行。終於，皇天不負苦心人，在沙漠的矮樹叢裡，一副紅色條紋降落傘格外顯眼，只是它的落腳處已在原本發射地西南方六英哩處。

與降落傘連接的是片綠色負載板，裝著一枚阿波羅與三枚商用飛行控制器。阿波羅可以相互溝通，瑟朗格瑞軍說；如果能取出裡頭的數據，任務終究算是有成果。

試射日誌

下列資訊是鳳凰 0.3 在發射時阿波羅與其他機載計算機得到的原始資料。「至於事發的原因，我們還暫時沒有任何結論。」瑟朗格瑞軍說。

【秒數】

【0.00】火箭升空。

【0.25】清除 16" 發射板。以每小時 112mph 行駛並於 17.25G 時開始加速。

【1.04】開始以 1.2rpm 旋轉。高過原本動力燃盡前不多於 0.5rpm 的預期高得多。

【1.79】速度達跨音速。「馬赫延遲」啟動。現在起氣壓計上的高度將不能採信；上一筆「可靠」記錄是在高度 2,250'。火箭正在 20.8G 上加速。

【2.08】無預期的推力峰值短暫出現。

【2.15】超音速。

【2.16】消耗 50% 的燃料。

【2.18】引擎最大推力為 1185 lb，比預期的高約 10%。

【2.21】另一次無預期的推力峰值出現。

【2.28】旋轉速率是 20rpm。

【2.35】加速階段裡空氣動力穩定性達到最高。

【2.38】火箭在 21.2G（最大重力加速度）時加速。

【2.46】水平震動超過 5G 範圍。

【2.75】1.5 馬赫。

【3.10】旋轉率開始下降，最高時是 23.8rpm。

【3.18】1.75 馬赫。

【3.25】搖擺（攻角超過 0.5°）。

【3.40】1.9 馬赫。

【3.41】火箭在 20.3g 上加速。

【3.42】碎裂。

【3.43】翻滾。零件滑行和減速。

【6.79】馬赫延遲提昇。

【9.30】電子裝置槽的氣壓計顯示位在 9,250' 遠地點。慣性測量單元（IMU）數據太複雜，無法推算高度訊息。

【11.12】氣壓計顯示鼻錐／主降落傘位在 12,500' 遠地點。慣性測量單元（IMU）數據太複雜，無法推算高度訊息。

但問題是面板的螢幕破裂了，記憶卡可能出現毀損。除非有十足把握，否則不得貿然把面板取出。於是，他們讓面板與火箭保持連接，彷彿一切完整無缺。這讓面板變得有點像外接硬碟，可直接從上頭下載 CSV 檔案。有了電子裝置槽裡商用面板所儲存的高速影片與數據，事發過程就能清楚掌握。

原來，起飛後才 1 秒，鳳凰 0.3 就開始繞著垂直軸線打轉，速度比預期的 0.5 rpm 快兩倍多。它以超音速前進，記錄顯示衝力也超乎了預期。短短兩秒內，旋轉率便已高達 20rpm。本來那不礙事，但除了旋轉外還加上一點傾斜與小幅震動，因而造成了螺旋狀動作。

開始分離前它幾乎已達 2 馬赫空速。朝藍天衝刺的機身儘管稍微減速，卻仍攀高到一萬英呎，直到抵達極限才掉頭往地表滾落。火箭從發射到裂碎的整個過程費時不到 3 秒，但在大約 10 秒時才抵達最高點。「3 秒鐘對火箭已是永恆了。」瑟朗格瑞軍稍後這麼說。

等到碳起源團隊釐清了事發經過，他們也做了一項共同的決定：那就是要跟這棟屋子道別，跟加利福尼亞城道別，改搬到靠近洛杉磯棕櫚谷一間真正的辦公室裡。碳起源仍會一同到 FAR 試射火箭、一同旅行、工作，甚至生活，只是不再共用有鑽床和獅威吸塵器的客廳。新的工作空間更適合擴張、招募新員工並繼續發展。九月時他們還要準備一枚雙節火箭的試射，希望到時能衝破 18 萬英呎。鳳凰 0.3 雖未能達到預期高度，但碳起源團隊的未來，卻持續步步高昇。◉

瘋狂改造專題

改裝汽車是DIY的極致！汽車代表了我們的身分認同，不論是為舊車噴上新漆，或是換裝新引擎，都訴說著自己的與眾不同。

客製化是一門嚴肅的技藝。改裝愛好者三五不時打開車蓋，換機油、調整化油器、清洗空氣濾清器；日以繼夜搜尋柴油引擎的資訊，追求高效能、高速再高速；焚膏繼晷研究美觀與實用兼具的零件與機械，只為打造心中的夢幻車身。

現今這個世代，汽車的種類琳瑯滿目，滿足消費者各種需求。不過人類改裝汽車的慾望卻不曾消退——任何新型的汽車科技與設備，都曾經被拆解、分析過。這一期的專題，我們邀請一些改裝愛好者分亨各種創新的技巧，有大型改造專題也有小型改造創意，有單輪車也有四輪車。趕快加入我們的行列，打造獨一無二的汽車，然後開出去兜風！ ◢

插圖：馬修‧彼靈頓

查理斯・官 Charles Z Guan

2011 年從 MIT 機械工程系畢業，目前擔任該校機器實習及設計講師。如同很多他的同儕，對機器人學的興趣是從看電視節目《機器人擂臺賽》（BattleBots）開始的。

WORLD'S CUTEST GO-KART

史上最可愛的卡丁車 設計「小初音號」，參加動力競速大賽囉！

Zachary T. Nguyen

文：查理斯・官　譯：屠建明

從 2007 年在 MIT 讀一年級開始，我就一直把製作小型電動車當做興趣（可以駕駛「潮」車，誰還想走路？）。我在 MIT 學生專題空間的參與激勵我最後成為學生們自行製作各類專題的導師。有趣的是，我給他們最有價值的建議常常不是如何把東西做出來，而是要去哪裡找材料。

在我製作車輛（和機器人）的歷程中，我不知不覺蒐集了購買或取用零件的地點，以及為個別的專題設計進行評估的資料庫。這裡面的戰術可說是不可或缺，因為在學校裡學工程的時候沒有人會教你這些實用技能。

我第一次看到「動力競速大賽」（PRS）是在 2012 年的紐約世界 Maker Faire，現場的大人們用大幅改造或自製的 Power Wheels 兒童電動車來競速，重溫兒時回憶。這讓我思考該如何藉助學生們的能力來執行一個對工程教育有貢獻的專題。

接著我開始記錄並整理歷年來學生和教師所改進的各種電動車製作方法。在 2013 年我擔任一門實驗課第一學期的教師，這門課後來被大學部學生稱為「2.00 GoKart」。課程設計上我是參考 MIT 著重競賽的機器人學課程「ME 2.007」，但之中所製作的電動卡丁車是全體一起進行，而非分成許多兩人小組。

學生必須自行尋找所有需要的材料，並且對我和其他教師說明為何那些材料適合他們的設計。我確保所有學生都知道 McMaster-Carr 這家廠商、如何向他們購買特定尺寸的螺絲，以及讓學生知道為什麼有些決定到後面會變成自找麻煩（例如需要 5 種不同的扳手來鎖緊一個馬達固定架）。

可以動？拿來用

隨著「2.00 GoKart」課程愈來愈熱門和 2014 年動力競速大賽更平易近人的規則修改，兩者意外地展開趨同演化。我決定為 2014 年 PRS 製作一輛「技術展示」車輛。在觀看 2013 年的賽事後，我認為這項運動需要更多元的零件和技術，而我有滿山滿谷的回收地板清潔機馬達和堆高機馬達控制器，讓我有點困擾。

我的目的很簡單：證明你能使用來自各

我在 2008 年製作的這輛「輪轂馬達」滑板車被我用來代步 2 年。

一輛學生製作的造型獨特的卡丁車在一場 2013 年 MIT 的計時競賽中奔馳。

小初音號構造圖
無庸置疑，這是世界上最可愛的賽車

電動機車油門

臥式三輪車雙煞車控制桿

1/5 比例遙控車 ESC

硬式卡丁車座椅

1/5 比例遙控船馬達

2.50-4" 手推車輪胎

12V 水泵浦

¾" 卡丁車輪軸及軸承

9" 手持砂輪機變速

「小初音號」置於 3 倍大的原型上。

「小初音號」的動力裝配。除了總電源開關和保險絲之外的電子控制零件都裝在防水彈藥盒裡。

種看似不相關的產業的材料、從網路商店或實體商店購買，並且在沒有使用大量複雜的生產設備的條件下製作具有高競爭力的競速車輛。這個主題對於學生製作實用車輛，甚至任何的專題都很有幫助：「任何」東西都可以成為零件。接下來讓我告訴你「小初音號」（Chibi-Mikuvan）的故事。

車體造型

你可能會想：這和其他我看過的Power Wheels電動車都不一樣。小初音號基本上就是我的車（1989三菱得利卡廂型車，僅於1987到1990年間在美國販售）的Power Wheels版。（好幾組PRS團隊在2014年把這項新「規則」善加利用。）針對車體，我選用發泡芯材玻璃纖維來建造，它輕量、堅固又容易修復。我以初音未來（熱門日本虛擬歌手角色）為這款車命名。

動力系統

小初音號由各種材料構成：遙控船馬達、遙控車馬達控制器、手持砂輪機變速箱、混合電池的零件、彈藥盒、滑板車煞車、手推車輪胎、電動腳踏車油門板、乙太網路線，還有USB手機充電器。當然也少不了Arduino。

我在「到處找材料」這方面的最大勝利發生在電池上。在動力競速大賽中，電池沒有包含在內，會從團隊預算中扣除。目前為止要取得好成績的唯一方法是使用鉛酸電池，但它們既笨重又沒效率。

我研究了在2000年代中期用於第一代電動汽車的鎳氫（NiMH）電池。我聯繫了不下15家汽車零件行和回收商，接著在2013年10月的一個星期五上午，我從波士頓開車到佛蒙特州伯靈頓，花300美元買下一組從2009年福特Fusion油電混合車取出的電池，拿來分解成較小的模組。

這個過程「極度」危險，但到最後，我成功從一臺福特Fusion油電混合車幫小初音號取得四組電池，這樣每組電池的成本只有37.5美元，也只重25磅。

手持砂輪機齒輪系

我想要用最新一代的「巨型」遙控車模型來嘗試，其中包含馬達和控制器裝置，原因是他們的消費品地位和低價。然而，一般的遙控車馬達的設計是低扭力、高轉速。為了要把這樣的力量應用在重達100磅以上的載人車輛上，我需要20:1的齒輪比，而非一般用在PRS裡參賽的電動機車、滑板車馬達的5:1或6:1。

如果用機車鍊條或市售齒輪來進行齒輪減速，重量會太重，尺寸也太大，所以我回憶起早年拆解老舊電動工具時看到的工具：手持砂輪機。它只不過是一顆馬達和一組裝在預先製作的箱子中的硬化鋼齒輪罷了。

把遙控車馬達裝到砂輪機的變速箱上可以得到大約4:1的減速比例，接著我只要再使用卡丁車鍊條的5:1鏈驅動就可以產生所需的20:1比例。

底盤與煞車

車輛的框架是簡單的焊接鋼管。手推車

Zachary T. Nguyen

Charles Guan

油電混合車電池模組，由很多可以重新配置的較小低電壓電池組成。

這個用於 5 分之 1 比例遙控船的汽水罐大小的馬達能夠輸出數千瓦的能量，但靠的是超過 20,000 rpm 的轉速。

便宜的進口 9" 手持砂輪機的變速箱的內部。

馬達和砂輪機變速箱一起裝在框架上。

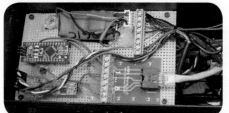

「小初音號」的供電裝置由 Arduino Nano 做為電源的改造 USB 充電器、連接電池和馬達控制器的高電流繼電器，以及電流感測器。圖中紅色元件是備用邏輯電源。

「小初音號」在 2014 年底特律 Maker Faire 賽到上奔馳。

輪（在競速條件下維持不久）來自當地的平價連鎖工具店。後輪軸由市售鋼製軸承座支撐。車上唯一自製的零件是大型的 7" 前碟煞，其中轉子和輪轂是用研磨噴水式裁剪機製作，和滑板車煞車線卡鉗組合。這裡隱藏的笑話是小初音號不僅可以自己煞車，還可以擋住後面三輛推車。

電子控制元件

駕駛人和馬達控制器的介面安裝在彈藥盒裡面。它防水、高度防撞，而且容易安裝。我利用來自混合電池的高電流繼電器做為遠端啟動器，讓啟動控制器只需要按下把手上的小按鈕。Arduino Nano 接收來自類比油門的信號並將之轉換為遙控伺服脈衝，傳送給馬達控制器。因為 Arduino 不能直接用 28 瓦的電池供電，所以我改造了一個便宜的汽車配件：點於器 USB 充線器，做為直流對直流的轉換器。

事實證明小初音號的雜燴動力系統速度極快，即使我的原型電子元件不可靠也沒有影響；它在 2014 年的底特律 Maker Faire 贏得短程賽，更打破紐約世界 Maker Faire 資格賽每圈時間的最快紀錄。我的期望不是打造速度最快的 PRS 賽車，而是有最多記錄和有最高可重複性的賽車，讓它成為其他人可以利用的資源。可以到我的部落格（http://www.etotheipiplusone.net/?page_id=3434）參考完整的製作文章和材料表。

更多照片、影片、祕技和詳細的步驟，請上 www.makezine.com.tw/make2599131456/187。

MAKING THE SWITCH

文：彼得・奧立佛・吉姆・麥葛林
譯：孟令函

Switch 電動車　為 Maker 準備的製作套件以及教學系統

時間：
一週
成本：
14,000～30,000美元

California
COOL EV
LAKE TAHOE

Sam Euston

Switch電動車的創辦者彼得・奧立佛和吉姆・麥葛林各自都鑽研電動車已久。彼得在大學教學生怎麼把汽油車轉變成電動車，透過他的「自己做（Make Mine Electric）」電動車公司，他成功將許多經典車款改造成電動車。吉姆則是在90年代早期創辦了Electrathon汽車競賽，並在1991年成立了ZAP（Zero Air Pollution），也就是第一家電動腳踏車公司。吉姆也發明了銷售超過三萬臺的Zappy踏板車。

開始改造

特色與選擇

» **DIY 套件**：14,000～30,000元內含完整的零組件，依效能等級有不同的價格；6,950 美元就可購得無內附電子零件的套件。

» **運動型齒輪齒條傳動**；中、左、右駕駛位置。

» **可使用各種 DC／AC 馬達**

» **三輪碟煞**，獨立式前懸吊

» **再生制動（搭載 AC 馬達時）**

» **電池**：鉛蓄電池或鋰電池，10kWh～30kWh

» **單次可行車距離**：45～135 英里（依電池選擇變動）

» **充電時間**：每 45 英里約需 2.25 小時，花費約為 1 美元（220V、30A 的電力輸出情況下）

» **相對油耗**：151mpge

» **最高速**：超過每小時 100 英里（搭載 AC 馬達時）

» **加速能力**：9 秒內 0～60 英里（有傳動裝置可以更快）

» **迴轉半徑**：38' 以下

» **重量**：1,350lbs（三人座）

» **標準型為鏈條傳動**，可選擇皮帶傳動

» **在美國可合法上路行駛**，登記為摩托車，不過不須戴安全帽，也不需要摩托車的駕照。

原本只是一個自造簡單、有趣、平價電動車的簡單構想，後來變成了幾乎人人都可自己動手做的DIY專題。Switch 電動車為「車」做出新定義——輕量、大空間、多功能的電動車（EV），只需要少少的資源就可以建造、組裝、駕駛。只要在空間足夠容納一臺車的車庫，並使用頂車架，就可以著手製作，甚至是在教室裡也可以打造。你只需要一小盒工具，還有 6 ½ 英尺寬的門，好在完成以後可以把車開出去。

Switch 實驗室

一切都起源於Switch實驗室（The Switch Lab），開發了完整的DIY套件，也催生工作坊、書面說明、影片教學、細部計劃，以及所有其他細節的教學系統，這樣的全包組合讓個人、學校、企業，都可以自行組裝他們自己的電動車（經驗豐富者可以直接拿到DIY套件就開始動手做）。

工作坊指導者及組裝者更有信心，而且更了解如何組裝。老師們都很欣賞我們的工作坊，我

連在搖臂上的三段式 AC 馬達。

們把複雜的科技知識，分解成清楚、簡單的步驟。他們也很滿意這種額外的課程內容，簡直就是一個盒子就囊括了整個教室和實驗室的功能。美國門羅科技與藝術學院的羅傑・普雷斯理表示：「真的是隨拆隨組。任何學校都做得到，不太受到工具或空間的限制，在任何空間都可以開始組裝。」

學生們似乎都對這門課程興致勃勃，其中甚至有幾位還問，他們可不可以把製作Switch電動車當做職業。不管他們將來會成為Maker、焊接工還是工程師，親手製作的經驗，會為他們建立自信還有實務技巧。「這不只是高中課程的一部分，更是可以帶走的人生體驗。」一位來自加州的冒險學院（Venture Academy）的學生如是說。

駕駛體驗

Switch 電動車開起來就像F1賽車，極度貼地，而且以NASCAR層級的支架保護駕駛。開放式的駕駛座位為駕駛帶來刺激的體驗，也提供

內部揭密：雙煞車踏板、轉向拉桿、加速踏板，踩踩看，但可別把它稱做「油」門囉。

了絕佳的視線，讓駕車更安全。前後分開的煞車系統可做到更高級的運動型駕駛技巧；最棒的是，你可以在一個禮拜內組裝好這輛車！車身底盤已經雷射切割好，焊接完成的車架、配線也由專業人員完成，所有零組件都以編號且以顏色區分，只待你動手組裝。

客製化你的 Switch 電動車

可以考慮加裝貨櫃屋、皮卡車後車廂或露營車帳篷，獨樹一格。選擇自己喜歡的座位數量，1～4人座任你選；視你對馬力、速度、再生制動的需求，選擇不同的DC或AC馬達；並挑選電池系統，鉛酸電池或鋰電池，有10kWh到30kWh的電池組可供選擇；你也可以自己決定懸吊的高低，低懸吊可以更貼近地面，降低阻力，或者你也可以選擇較高較堅實的懸吊，適合載運貨品。有這麼多選擇，任君挑選。

駛進未來

我們的理想是，Maker們透過微製造（micromanufacturing），將Switch實驗室的運作模式推廣到全球市場，並因應全球的當地需求、以區域性的綠色能源做為能量供給。這種生產模式會深入當地，成為當地經濟發展的一部分；從完全焊接好的車身底盤套件開始，隨著市場拓展開來，可以逐漸推出焊接好或雷射切割好的零組件，讓Maker有更多動手發揮的空間。Switch的宗旨就是帶大家一起進入新世界，這個新世界裡，大家堅持簡樸、尊重我們所身處的環境，且關心他人的需求，這會讓大家開始因「轉變」而產生對話。而且，這完全是一輛為Maker而生的車，各種背景、年齡層的人，都可動手製作，不管是電腦程式寫手、木匠、男人、女人、高中生、大學生，甚至是汽車技工，都可以成功組裝、搞懂Switch電動車。Switch電動車無與倫比，它最初是一項你我都負擔得起的DIY專題，在完成後，搖身一變成為你親手打造的運動型多用途車，更可以是越野車。

想更了解Swith EV以及Switch實驗室嗎？請上the Switchlab.com。

Peter Oliver

在2015年1月份，12位教師在我們這裡完成訓練，他們在一周內組裝完兩輛車。

EVOLUTIONARY EVS
電動車新氣象
文：麥克・希尼歇
這些電動車為電動車帶來新氣象。

Jen Danzinger

「Seven」：由 Illuminati Motor Works 打造

這輛有著鷗翼車門的美車，搭載了面朝車後的後座，車身有優美強烈的線條，激起1930年代的經典氣息。不過這臺美車可不只復古風尚，在車頂之下，就是21世紀最科技發揮的空間了。總共99個磷酸鋰鐵電池，提供33kWh的電力給200hp的MES DEA電動馬達，可達每小時130英里，並可在6.2秒內從0加速到60英里。儘管重達2,900磅，「Seven」只要充飽電，單次可行駛達200英里，因為有再生制動，只要一個220V 40A的充電器就可以在一個晚上將「Seven」充飽電；而製作團隊甚至嘗試使用線性發電機來彌補振動能量。車身則是由一群替代能源車顧問，在美國伊利諾州的農倉裡，用碳纖維和克維拉（Kevlar）人造纖維親手打造，他們為了參加2010年的汽車設計大賽（2010 Progressive X Prize）並贏得五百萬美元的獎金不遺餘力。「Seven」大幅超越100mpge級數的其他車輛，達到207.5mpge。自此，他們就持續更新並改進「Seven」的性能；團隊發起人凱文・史密斯說：「在IMW的總部，效能便是一切。」

Simone Spada

「Tabby EVO」電動車：由 OSVehicle 打造

OSVehicle的團隊試圖讓汽車製造更加在地化，他們有開放程式碼的專題，所有藍圖與設計檔案通通都是免費資源。他們有各種用途的車型，可以符合所有個體用戶或團體用戶的需求。

他們最近重新製作了在2013年曾發布過的作品，透過製程的精進以及改進車子本身的操縱性能，「Tabby EVO」就此誕生。「Tabby EVO」的特色在於，它有80V/15kW的電子傳動系統，可行駛達87英里，其最高速為每小時80英里。它有93"的軸距，因此可配備2～4人座的座位。升級後的車架與懸吊讓L6e、L7e、M1車類的駕駛執照持有者可以在歐洲與美國開著「Tabby EVO」合法上路，也讓它可以做為越野車使用。

OWN YOUR CAR

擁有自己的車

模糊的著作權法是否會影響改裝車輛的界線？

文：班哲明・普雷斯頓 ・ 譯：屠建明

班哲明・普雷斯頓
Benjamin Preston
是少數同時具備校準技師和記者雙重身分的人。曾在維吉尼亞州的汽車零配件零售商 Pep Boy 擔任校準技師；也曾在《紐約時報》擔任汽車記者。除了《紐約時報》，他也為《衛報》、BBC Autos 網站、《 Car and Driver 》雜誌、Jalopnik 網站，以及讓他特別感到驕傲的《 Petersen's 4-Wheel & Off-Road 》雜誌等撰文。

說到華盛頓哥倫比亞特區的市郊，直覺應該會想到高科技通訊及國防工業，而非舊車改造，不過許多玩家想要顛覆這個印象。麥可・哈格帝（Michael Hogarty）就是其中之一。他在北維吉尼亞州經營一間不起眼的雙併車廠，這座穀倉造型的建築物四周可是處處暗藏玄機。Suzuki Samura停在車道的一角，馬達已經被改成更強大的Chevrolet引擎。特製的車輛配件和滑板坡道組件放在圍籬邊上，彷彿就是準備製作專題的零件。

　　哈格帝是ASE認證的主任技師，一開始先在其他人的車廠工作，修理割草機，再進展到修理法拉利。現在他每周都花很多時間在檢查和維修一般的家用車。但是據他所言，他真正感興趣的是客製化改裝，而這個領域的核心就是解決問題。如果客戶想要裝新的音響、非標準的引擎或不合身的輪胎，他就想辦法滿足要求，而且讓車子運轉順暢。不分平日假日，他的車廠每天都有動力迷的朋友和顧客穿梭，詢問其他人都不知道如何改裝的配置。

　　在車輛電腦系統日益複雜的同時，像更換音響這種曾經單純的工作現在已經牽涉更多層面。為了成功改裝，他必須不斷深入研究支配車輛系統的電腦程式碼，平衡個別零件的更換或升級所帶來的改變。

　　他說道：「現在車上的各系統都整合了，不太可能隨便把新款車輛上的音響拆下來，然後就裝上在Best Buy買的新品。」

　　因此，為了在所有遇到的難題中取得最佳成果，他依賴的是在機械、電子和電腦領域的廣泛知識。

　　但是，他即將面臨的挑戰和過去以往戰勝的困難不同。以前他專注客製化渦輪或遙控啟動的配置，這次要面對的是一個法律上的障礙，同時也是文化上的問題。大約二十年前，《數位千禧年著作權法》（DMCA）通過，這條模糊的法規影響現今哈格帝和其他技師、創新者改裝車輛電腦系統的權限。如今，改裝者的工作愈來愈像駭客，而他們能發揮電腦能力的範圍

Michael Hogarty

Hep Svadja

正受到威脅。

程式效能

　　每一輛現代車的大腦都是車上的電腦系統。像一個大腦，或多個大腦（因為車上系統其實是多個電腦模組結合而成網路），車上系統會透過控制器區域網路（CAN）來對車上各處的感測器收發訊號。這個系統的基礎功能之一是引擎管理，透過供應精確平衡的燃料和空氣來產生平順、高效率的動力。另外它還控管暖氣、冷氣、音響、煞車、穩定性、安全氣囊、車門及車窗馬達等不同設備。CAN的資料讓各個系統互相溝通，如此一來，音響音量可依速度感應調整，車輛行進中自動滑動車門無法開啟，這些功能皆仰賴CAN的整合能力。

　　車輛電腦不是什麼新概念。我們現在所看到的電子控制單元（ECU）是在1970年代後期出現的。到了1980年代，美國的所有車輛都安裝了進行決策的微處理器。最早的處理器利用引擎感測器的輸入來啟動電磁圈和致動器，進而優化引擎效能。舉例來說，通用汽車（GM）使用的電腦控制化油器比機械式化油器更能對大氣條件的變化做出反應。這些年來，ECU能執行的功能逐漸增加。因為線路愈來愈多，系統也以CAN進行精簡（不用每個系統都使用自己的線路）。

　　透過CAN，尤其是車上診斷系統，或稱OBD-II埠（從1996年開始安裝於所有美國車上離方向盤幾吋處的多腳位電腦接頭），哈格帝和其他改造者可以存取車輛軟體、找出其中的型樣並於需要時進行變更。哈格帝說，車輛可能在出廠前被設定來滿足排氣、安全性和燃料效率的規範，但想要改車的人可能有更具體的目標。很多人想要的是更多動力讓他們在賽道上有更好的表現，也有很多人想要透過變更車上軟體來修改原廠設定，以達到更高的燃料效率、拖拉時的冷卻，以及更全面的引擎校能監控。

　　保羅・巴泰克（Paul Bartek）是一家電子顯示器製造商的工程師，他在閒暇時間也涉獵汽車，但他所進行的改造遠遠超越過去數年在機械上的嘗試。在他的

Andrew Albosta

如今，改造者的工作愈來愈像駭客。

網站（cowfishstudios.com）上他分享了開放原始碼軟體，教學影片和專為汽車玩家設計的DIY專題。其中一個是用Raspberry Pi來擷取引擎效能數據並顯示在車輛的螢幕上。

「我會這麼做是因為我對面上的產品不滿意，」他解釋道。「有幾款應用程式可以顯示引擎扭力和一些其他資訊，但還有更多可以取得的數據，而且這些應用程式都沒有使用者輸入的功能。」

巴泰克並不孤單。市面上有各式各樣的產品，而很多都是從這樣的簡單概念該開始的。其中一款叫「Clickdrive」的軟體整合了和駕駛相關的智慧型手機應用程式。另一款「Truvolo」則監控燃料效率及位置。還有一款會監控路況、協調共乘，以及幫助使用者尋找停車位和加油站。哈格帝說他用售後市場的背載接頭來存取車輛的控制電腦，藉此變更傳動換檔點和溫度設定等參數。

前進保險公司（Progressive Insurance）提供一種名為Snapshot的裝置，它會把駕駛習慣透過行動數據機從OBD-II埠傳送給保險理賠師。該公司給予駕駛風格保守且里程數低的客戶折扣，他們稱這種駕駛習慣為低風險駕駛（當然，使用者可以駭進Snapshot，讓它以為被裝在一位只有每個星期天開去教堂的老奶奶的車上）。其他應用程式則是設計給家長，讓他們確保孩子開車時沒有分心。

和巴泰克一樣，哈格帝用小型微處理器來變更引擎感測器傳送給電腦的數值，以優化動力。舉例來說，如果將空氣濾網的外殼從封閉的盒子換成開放式，濾網就可以改變引擎的氣流特性。在引擎負荷最大的暖機和油門全開時，車輛電腦以「開迴路」模式運作，以出廠設定值決定燃料流量。哈格帝說，透過在氣流感測器和電腦之間嵌入小型的微處理器，由附近的電線供電並從其他感測器接收訊號，例如油門位置感測器、氧氣感測器和轉速計，他就可以叫電腦變更油門全開時的參數，為特定的條件設定空氣燃油需求。

「我查看輸入、測量輸出，接著把它改成我要的樣子，」他說道。「製造商花了

非常多的時間在調整特定條件下的軟體設定，但沒有考慮最高負載的條件。他們生產的車可以適應廣泛的條件，但當我們的目的是在賽道上催出最大的動力時，原廠的設定就不見得有用。」

哈格帝也用微處理器和資料分析來幫客戶處理比較日常的問題。透過在車輛的電腦系統安裝Raspberry Pi這種30美元的模組和開放原始碼的軟體，客戶就可以在檢查引擎警示燈亮起時，用簡訊把特定時段的引擎數據傳送給他，這會幫助他診斷車子的問題，並幫大家節省很多時間。

電腦化產生的疑問

DMCA會插手像巴泰克在進行的那些專題嗎？它會讓哈格帝無法深入電腦系統來變更效能設定嗎？它會限制應用程式的開發人員做更多嘗試嗎？這個法規含有一則關於「控制對有版權之作品之使用之技術保護措施（TPM）」的條款。

電子前哨基金會（EFF）在今年向著作權局提出了一宗訴願，內容是可以規避TPM的豁免權。通用汽車反對這項豁免權，認為它「過於模糊」，並在評論中稱支持者「未能證明相關之TPM目前或未來三年可能對使用者造成顯著負面影響。」

問題在於，哪一方才是對的：是車廠還是EFF？根據EFF的説法，每個州的法院對法律都可以有不同的詮釋，而這可能造成汽車製造商執行規範過度嚴格。

「這樣一來，我們面臨的就是製造商能夠威脅變更車輛軟體的人，進而對研究開發產生寒蟬效應，並且讓創新者很難為車輛發會更大功能的產品募資」EFF的調查官基特‧華許（Kit Walsh）在一封電子郵件中説道。「國會圖書館必須訂出清楚的規則來改變現況並保障研究開發的實務。」

由美國三大車廠以及日本、歐洲多數主要車廠組成的倡導團體汽車製造業聯盟（Alliance of Automotive Manufacturers）的發言人丹尼爾‧蓋吉（Daniel Gage）在一封電子郵件中表示，車輛的問題診斷和維修不需要由DMCA所保護的資訊。

「車廠擔心現在對DMCA提出的這些變動會有危險的後果，包括額外的安全性風

險和違反現行的安全和環保法規」，他說道。「據我所知，目前尚未發生因DMCA而產生對現今汽車圈的活動的大規模訴訟，因此現在合法的行為在近期內仍將維持合法，除非法令有所修改。」

對此，EFF的回應是，聯邦的排氣及安全規範是由國家環境保護局和國家公路交通安全管理局等單位進行執法，而不是由車廠或著作權法來規範。

「著作權法延伸到這個領域是電腦化的結果，」華許說道，「根據製造商的理論，這樣的改變顛覆了傳統上在買車時成立的所有權概念，並且禁止和軟體有關的改造。」

自己的車，自己選擇

在後院的工作坊裡，哈格帝在一輛有幾年車齡的TOYOTA Sienna休旅車上遇到一個問題：天冷時和車停在坡道上時滑動車門無法完全關閉。這是電子元件故障造成的，而他說要修理的話，他有幾個選項。他可以更換還能用的馬達，但將所費不貲，所以他可以進入車輛電腦，變更車門的電子界限值讓車門關閉，而代價是馬達負荷增加，並需要更多電流。對這個擁有老車的家庭而言，這是比較好的選擇。

他擔心的是，如果專利局對於DMCA沒有更明確的規範，不論是他為那輛休旅車想出的辦法，或是他為了賽車，利用引擎數據來提升效能的做法都會沒戲唱。他表示：「我認為最好的做法是降低政府和企業的干預，讓個人來承擔改造的責任。」

從近期指控車廠剝奪消費者對車輛的完整所有權的大批文章可以見得，這條法律的模糊用語讓很多人開始擔心。只要修過車都知道，犯錯和意外的結果都是無法避免的，因為這是學習的過程。

「做為一個國家，我們想要在自己購買的東西上擁有犯錯的權力嗎？」哈格帝說。「我一般不建議太深入後端，但如果玩的是自己的車，那就和其他東西一樣，都由你自己決定。」

哈格帝測試位於動力計上的休旅車的 ECU 變更。

哈格帝站在動力計的控制臺前。從動力計能夠看出 ECU 的變更如何影響扭力和馬力。

DIY 電子控制汽油噴射電腦：MegaSquirt。

Android 系統的應用程式 Torque，可存取車輛的 OBD-II 埠來追蹤引擎數據並顯示於智慧型手機。

HOW TO BUILD A DIY SEGWAY

自製賽格威之路 我如何利用五金行常見的材料打造出超酷賽格威。

文/攝影：郭有迪

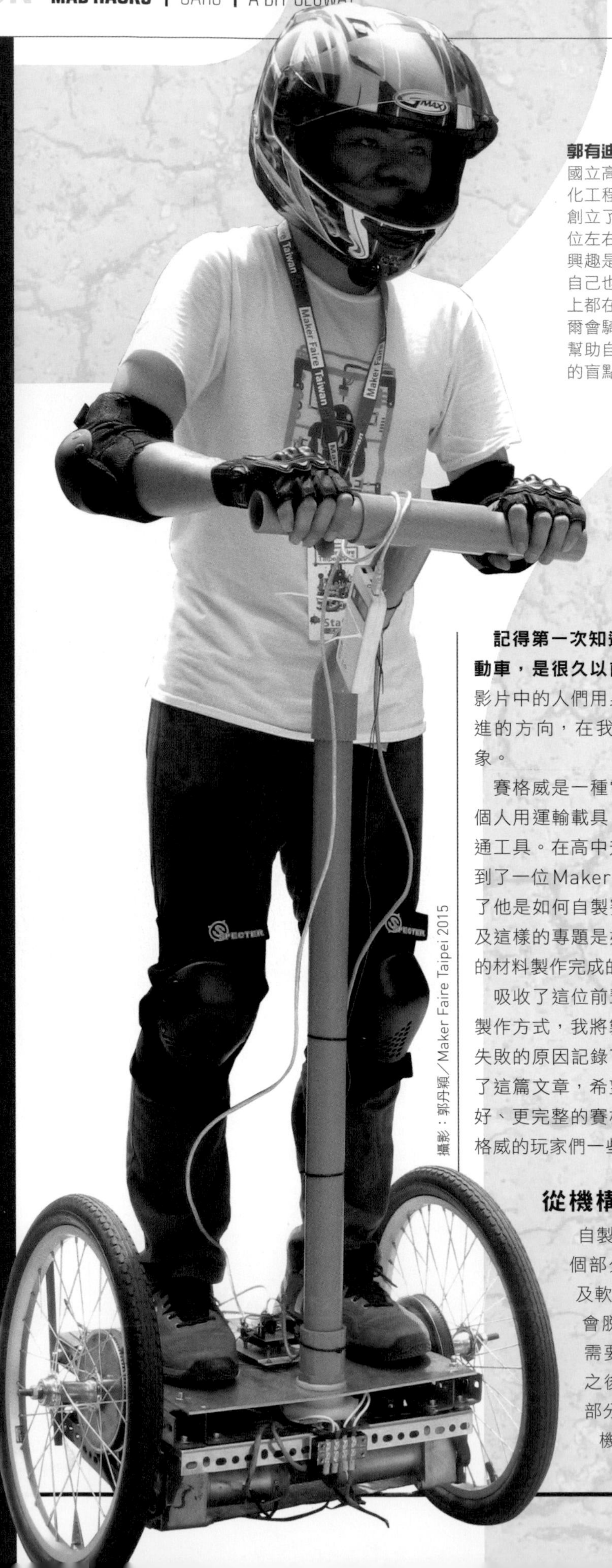

攝影：郭丹穎/Maker Faire Taipei 2015

郭有迪

國立高雄第一科技大學機械與自動化工程系二年級生。在大一的時候創立了自造者社，目前社員有10位左右。

興趣是製作可以載著人跑來跑去，自己也可以玩的載具專題。平日晚上都在社團度過課餘時光；假日偶爾會騎機車獨自旅遊，透過旅遊來幫助自己轉換心情，藉此發現以前的盲點來改進專題。

記得第一次知道賽格威（Segway）電動車，是很久以前在新聞上看到的。 新聞影片中的人們用身體的動作來控制車子前進的方向，在我腦海中印下了深刻的印象。

賽格威是一種電力驅動、可自我平衡的個人用運輸載具，也是一種新型的都會交通工具。在高中升上大學的暑假，有幸遇到了一位Maker同好陳文敬，我向他請教了他是如何自製賽格威做為大學專題，以及這樣的專題是如何利用臺灣五金行常見的材料製作完成的。

吸收了這位前輩的經驗與材料的準備與製作方式，我將製作過程中汲取的經驗與失敗的原因記錄下來與各位分享，整理出了這篇文章，希望可以幫助各位製作出更好、更完整的賽格威，或是帶給想自製賽格威的玩家們一些不錯的靈感。

從機構開始著手規劃

自製賽格威基本上可以分成三個部分：機構、電子電路，以及軟體。其中機構的部分並不會脫離原本設計太遠，而且需要先有機構之後才能進行之後的測試，建議可以從這部分開始著手規劃。

機構材料與架構是參考陳

時間：
一年
成本：
10,000新臺幣

材料

» 角鋼，60mm（10）：角鋼材料皆購自一允角鋼。
» 角鋼，100mm（3）
» 角鋼，120mm（2）
» 角鋼，155mm（2）
» 角鋼，180mm（2）
» 角鋼，250mm（2）
» 角鋼，400mm（12）
» 角鋼螺絲（50）
» 41mmPVC 水管（3m）：購自水電五金行。
» 41mmPVC 三通接頭（1）：購自水電五金行。
» 41mmPVC 外螺紋接頭（1）
» 41mmPVC 彎頭（1）：45度。
» 電線（3m）：18AWG，黑，iCShop 3681114000024。
» 電線（3m）：18AWG，紅，iCShop 3681114000017。
» 壓接端子臺（3）：2×4，1對1，iCShop 368020101013。
» 壓接端子（30）iCShop 3681201001477
» 輪胎（2）：12吋小折的後輪，購自太原路上達興車行。
» 同步齒輪，55齒（2）：裝在後輪上，購自興城街山河齒輪。
» 同步齒輪，13齒（2）：裝在馬達軸上，購自興城街山河齒輪。
» 同步皮帶，THD 625-5M（2）：購自興城街山河齒輪。
» 馬達，24V 5A 150RPM 13kg-cm（2）：購自聖釜電機的二手品。
» 湯淺電池 NP7-12 12V-7AH（4）：購自全電行。
» 行動電源（1）：可持續輸出，購自全電行。
» 無熔絲開關，20A 2P（1）：露天網購或水電行購入。
» Arduino UNO 控制板（1）：iCShop 368030600630
» GY-80 模組（1）：加速度計、陀螺儀，iCShop 368030500586。
» 馬達控制板，450W 36V（2）：iCShop 代購或淘寶購入。
» 電容，6.3V3300uF（1）iCShop 3680103005293。
» 洞洞板（1），iCShop 3680902000062
» 風扇，12VDC 12CM（1）：購自良興。
» 排針，2.54，單排（1），iCShop 3680201001845。
» 搖桿模組（1），iCShop 368030600045。
» 電壓表，36V 以下（1），iCShop 368060100208。

工具

» 12 號扳手
» 螺絲起子
» 烙鐵
» 三用電錶
» 電腦（撰寫程式）
» 橡膠鎚
» 尖嘴鉗
» 斜口鉗

前輩，使用了角鋼當作主要組裝材料。採用角鋼的優點有以下幾項：材料購買方便、能夠快速修改機構，同時方便組裝。

購買角鋼的時候可以先請店家裁切好大概的尺寸，之後可以帶回家用手工鋸切斷。角鋼並不會非常難切，專用的角鋼螺絲，可以在購買角鋼的同一店家解決。若發現螺絲突然不夠用了，只要帶著已經購買好的角鋼，拿去其他店家比一比看，就可以找到通用的螺絲，角鋼還有這樣的通用價值。

基本上，組裝機構就像是在組裝樂高一樣，其實並不會很難，自由度也很高。筆者在設計機構的時候是先組裝出腳踏的部分成為底盤，並將輪胎與底盤組裝完成，之後再開始調整馬達與電池的位置讓機構取得平衡。獲得馬達軸心與輪胎軸心的距離後，就根據前輩所給的齒輪比，前往齒輪店訂製同步皮帶與皮帶輪。

輪胎的部分則是選用腳踏車後輪，這是因為臺灣腳踏車店很多，腳踏車零件容易取得、價格低廉的緣故。我採用了20吋的小型折疊車的後輪，有著很長的螺桿可以固定在角鋼的底盤上。當你把原本的變速盤或是鍊條盤拿掉後，會發現有螺紋；這

個螺紋可以協助同步齒輪盤鎖在輪框上，再經過焊接後，機構強度就非常足夠了。

製作底盤與手把

底盤與手把的部分是用了鋁板與水管，這兩種東西都是用途廣泛、平易近人的材料，而且價格都很便宜，隨時可以在臺灣常見的五金行買到。在鋁板上打好洞之後，您還需要額外購買PVC外螺紋接頭，這種接頭類似大型的螺絲，不過是用來連接板材與水管的，原本是使用在水塔與水管的連接處。PVC外螺紋接頭的螺帽厚度與直徑都很大，可以應付高強度的

請店家裁切角鋼中。

調整機構平衡與設計安裝電池的部位。

輪框與底盤利用腳踏車輪胎原有的螺桿來進行連接，不須再去購買特殊的軸心。

齒輪是採用焊接的方式固定在腳踏車輪胎上。

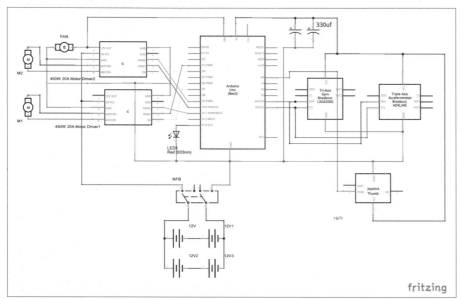

自製賽格威的電路圖。

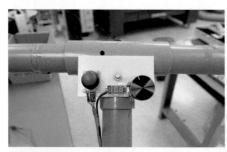

賽格威手把近拍。

Maker Faire Tainan 2015 時民眾排隊體驗試乘的情形。

NFB、風扇與馬達控制板。

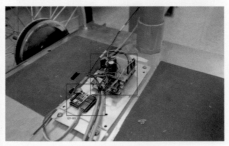

GY-80 電容與 Arduino 控制板的位置配置。

操作，而且不用怕騎到一半崩牙。可惜水管與水管的連接只是以一般的方式插入，如果沒有上膠固定就很容易鬆掉與搖晃。手把則是給予駕駛者安全感很重要的一個關鍵，如果沒有固定完善，就很容易讓駕駛者從車上摔下來，或是在爆衝的時候沒辦法拉住車子，這部分也需要特別注意強度。

本專題中電池是採用 2 串 2 並獲得 24V 14AH；馬達則是選用 24V 5A 150RPM 13KG-CM 的齒輪減速機，最高負載的情況下可以騎乘 3 小時。除了減速機原本的齒輪外，還加上了同步皮帶與皮帶輪的齒輪比 55：13。雖然這臺自製賽格威的最高時速大約為 7 公里，但是因為有齒輪比將馬達所需要輸出的扭力縮小，因此馬達耗電變的很低；經過實際測試，在臺南 Maker Faire 全天提供給民眾試乘，可以試乘兩天 16 小時，充電的話則大約 8 小時可以充飽。

打造控制系統

馬達控制板是最容易燒掉的部分，它可能因為馬達卡住或是快速的前後切換，導致電流過大、溫度升高後燒掉，所以我們使用風扇來直接進行散熱。電池總開選用 NFB，一般的小型開關是沒有辦法負荷這種大電流的，瞬間有 15A 左右的啟動電流，使用一般開關的話可能馬上就會燒掉。我們的 NFB 是選用 2P 的類型，正負極同時切斷與接通，實驗的時候比較安全。至於原本的跳脫電流數值，建議是選用最高值；但是 NFB 原本是用在交流電

110V，現在改用到24V且沒有實驗的工具，建議不要把它當作保險絲使用。

為了實驗方便，我直接將Arduino安裝在底板上，陀螺儀使用L3G4200D，加速度計則是使用ADXL345。不過有種GY-80模組是將三軸陀螺儀、三軸加速度計、3軸磁場以及氣壓都整合在一起了，您可以直接選用它來省下接線與空間。電路板上還設置了一顆很大的電容，這是用來穩定Arduino電源的。因為馬達在切換方向還有啟動的時候會導致電源不穩定，需要外加電容去增加穩定性，這是經過實驗出來的結果。沒有這顆電容的話，感測到的數值會受到馬達電流很大的影響。

軟體部分，您可從Github下載所需的程式碼，其架構分為三個部分：Segway_Clone（主程式）、MotorControl.h（馬達速度控制、PID）、rawData.h（感測計角度計算、I2C、濾波器）

軟體主要是參考陳文敬前輩的版本，只是把原本的感測器由MPU6050換成L3G4200D和ADXL345，基本架構沒有差很多。但是在PI的部分，採用了分段式KP，因為感測器會有很小的雜訊，但是這個在某個雜訊範圍內是可以忽略的。將KP數值強制設定為零，然後在機臺傾斜到某個實驗數值後將KP設定的比原本數值大，反應就會加快，讓反應不至於太慢。而在經過騎乘習慣實驗之後，我直接把IP數值設定為零，建議是小於單位1，不要讓數值大於1，否則會讓自製賽格威很不穩定。

一起 DIY 賽格威吧

這臺賽格威製作完成後，我帶著它參加了很多Maker相關活動，有Maker Faire Taipei 2015、Maker Faire Tainan 2015還有高雄的南臺灣創客教育博覽會。在開放給民眾親身體驗試乘後，也得到了不少回饋，我計劃未來繼續改善它的外觀還有穩定性，讓這臺賽格威可以再度進化。另外，我也參加了兩次二輪平衡車競賽，雖然參賽隊伍數都不多，但是希望之後可以有更多的人加入，一起製作這個超酷的東西。◢

本專題的程式碼請由github.com/eastWillow/UD_SegwayClone下載。

我與賽格威於 Maker Faire Tainan 2015 的合影。

自造者的儀表板
MAKER'S DASHBOARD

別對愛車簡陋的儀表板功能感到喪氣，這些專題可以幫助你
打造個人專屬的儀表板。

文：唐諾·貝爾 圖：戴米安·史考金 譯：Madison

成本：100美元
在儀表板上加裝Raspberry Pi和螢幕，為
儀表板，為車內增添歡樂，也可加在後座前
供乘客使用。
makezine.com/go/pi-dash

E.偵測控制區域網路碼
材料：Raspberry Pi +PiCAN控制板
　　　+OBD-II外殼與接腳
成本：100美元
CAN（控制區域網路）超越汽車的基本診斷
系統，能控制方向盤按鈕到雨刷等所有汽車
功能。用Raspberry Pi找出連接所有車用
電子元件的程式碼。
makezine.com/go/pi-can

F.打造個人化OBD-II應用程式介面
材料：智慧手機或平板+OBD-II藍牙轉接器+
　　　行動應用程式
成本：30美元（不含智慧手機）
用OBD-II相容行動應用程式就能輕鬆擷取
汽車資料，這些應用程式也可客製化，利用
行動裝置的GPS等硬體功能快速定位。
makezine.com/go/obd-ii-app-interface

A.LED矩陣轉速表
材料：Arduino + OBD-II TTL轉接器+LED
　　　矩陣
成本：100美元
用打磚塊風格的LED轉速表監控引擎的轉
速，改善手動換檔精確度。
makezine.com/go/led-tach

B.汽車診斷顯示器
材料：Arduino + OBD-II TTL轉接器+LED
　　　矩陣
成本：100美元
從車子的OBD-II埠傳送即時的技術資料至
獨立顯示器和Raspberry Pi，隨時監控車

輛狀況。
makezine.com/go/diagnostic-dash-
display

C.停車障礙感測器
材料：Arduino +超音波感測器+LCD螢幕
成本：80美元
幫舊車加上Arduino超音波停車感測器，透
過視覺和聲音偵測保險桿附近的障礙物。
makezine.com/go/arduino-parking

D.車內娛樂系統
材料：Raspberry Pi+7" TFT螢幕+無線
　　　鍵盤

G.儀表板USB插孔
材料：面板USB充電座（12V）
成本：25美元
在車用主機上裝一對專用USB充電座，不需
外接轉接頭，幫助你整理充電線。
makezine.com/go/car-usb

H.無線手機充電器
材料：無線充電器 + 12V至5V轉接頭
成本：50美元
如果你的手機支援無線充電，只要在車用主
機上嵌入導電充電板，就可以省去充電線的
麻煩了。
makezine.com/go/car-wireless-charge

自行車改造寶典 譯：Madison
BIKE HACKS
8 個聰明的小專題，讓自行車獨具個人特色

1.踏板動力手機充電器
揮汗的同時將能量分給你的USB小工具。
makezine.com/go/
bike-phone-charger

2.輪輻排氣管
美國很多棒球球迷會在輪輻貼上球員卡，藉此表達對球員的支持。現在只要再加上汽水瓶，就可以製造重機排氣管的效果，還沒看到車子就知道你即將呼嘯而過。
makezine.com/go/
spoke-resonator

3.無線電動電池監控器
用這組無線藍牙低功耗螢幕監控電動自行車的剩餘電量。
makezine.com/go/ebike-monitor

4.皮帶手把
輕鬆將不用的皮帶變成舒適又經典的握把。
makezine.com/go/
belt-bike-grips

5.坐墊祕密收納
在自行車坐墊下藏一套末日生存工具，活屍爆發時（或是越野時）可派上用場。
makezine.com/go/bike-
compartment

6.隨行酒吧
利用自行車架空間打造迷你酒櫃，把你的精選調酒帶上路。
makezine.com/go/bike-bar

7.可愛的輪胎氣嘴蓋
尋找適合的公仔的頭，改造成受孩子青睞的輪胎氣嘴蓋。
makezine.com/go/play-cap

8.巨型馬路粉筆
在後輪上固定一個手工粉筆磚，就能擴大你街頭粉筆藝術品的規模。
makezine.com/go/chalk-grinder

1. Sean Ragan 2. John Edgar Park 3. Alasdair Allan 4. Nikos Mavrikakis
5. M3G 6. Lee Swenson 7. Urs Graedel 8. Lled Smith

ELECTRO-FY YOUR BICYCLE

文：帕克・賈丁
譯：Madison

自行車電動化 總算可以 DIY 將自行車改裝成電動自行車了。

超寬的握把，方便裝上電動車控制器和 LCD 螢幕。

某天，我總算受夠了自己各種偷懶不騎自行車上班的藉口。夏天我騎車，但是從來沒有持之以恆。因為必經路段有一段長上坡，而這也是大多數人最終選擇開車的原因。最後我說，我受夠了，我要組一臺電動自行車。

時間：
1～2個週末

成本：
1,000～1,200美元
不包含自行車零件

材料

» 電子中置馬達套件，**750W** Bafang 商品編號 BBS02，附 LCD 顯示器、25A 控制器和指撥油門
» 磷酸鋰鐵電池（LiFePO4），方形，12V 20Ah（4）共 16 顆單電池。AA Portable Power 網站商品編號 LF-GB4S20，batteryspace.com。
» 智慧型 LED 平衡板（balance board）（16）AA Portable 網站商品編號 PCM-BL20CH
» 串聯連接器條（2）AA Portable 網站商品編號 TAB-EL20
» 智慧型電池充電器，51.2V 磷酸鋰鐵 AA Portable 網站商品編號 CH-LF48V6-TSL
» 保險絲：30A，附保險絲座
» 連接線
» 壓接對接接頭
» 環狀接頭
» 熱縮套管
» 束線帶、螺旋束線帶、魔鬼氈束線帶

自行車零件
» 後置自行車架
» 後置防水馬鞍袋（2）
» 腳架，亞馬遜網站商品編號 #B00B29EWPW
» 燈和喇叭，48V（非必要）
» Golden Motor 網站商品編號 ACC-008 和 ACC-002，附組合開關；亞馬遜網站商品編號 B00DGW71D8

工具

» 六角扳手組
» 活動扳手
» 調整電池端子用扳手
» 壓接線路接頭用鉗子
» 熱熔槍或吹風機，用於熱縮套管

特殊自行車工具
以下工具和自行車的零件有關，可以洽詢附近的自行車行。
» 通用曲柄拆卸器，方孔和花鍵曲柄適用
» 五通管拆卸工具
» 中置安裝工具，或固定齒輪鎖環扳手，或 Shimano TL-SR21 鏈鞭，用於鎖緊中置 M33 螺帽。

帕克・賈丁
Parker Jardine
是 RoboGames 大賽六次的冠軍得主，打造機器人 14 年以上。他也是「Bot Bash 派對」的創辦人，朋友的生日派對或活動，就是他迷你機器人的即時戰場。

車燈要常常充電很麻煩？可以將車燈接上主要電池組。

自行車真的改變了我的生活。我再也不開車上班了，從此改騎車。

到第93頁看更多馬鞍袋的評價。

電動自行車結構

中置馬達固定在曲柄旁，以利後變速器換檔。

前一個版本用的是車架頂電池組，但是馬鞍袋讓負重更穩。

我通常每週為電池組充電一次。

腳架需要支撐電池增加的重量，非常重要。

Scott D. W. Smith

某天，我總算受夠了自己各種偷懶不騎自行車上班的藉口。夏天我騎車，但是從來沒有持之以恆。因為必經路段有一段長上坡，而這也是大多數人最終選擇開車的原因。最後我說，我受夠了，我要組一臺電動自行車。

我的目標很簡單：儘可能用最少的花費，避免複雜的電子學原理。讓大家也能輕鬆照著我的方式，打造一臺夠力又可靠的電動自行車。我也透過每一次的修正，簡化了改裝步驟和維修方式。成果就是這臺自行車。

1. 選擇馬達

在我看來，馬達是首要選擇的組件。一般最常用的是輪轂馬達，齒輪或直接驅動皆為常見。

但是我選用比較新興的中置馬達。這種馬達不是安裝在前輪或後輪，但是連接到前驅系統（圖 **A**）。好處是可以利用自行車後變速器換檔。你可以感覺到馬達的最佳轉速，只要切換後齒輪就可找到完美組合。另一個好處是，有了這個套組，麻煩的工作只剩下安裝電池組，控制槓桿的安裝變得很容易。

2.（幾乎）任何自行車 皆可改裝

這個專題的美妙之處在於，這個套組幾乎可以安裝在任何一臺五通寬度 68 mm 的自行車上。選擇要改哪一臺車也是一種樂趣——你可以省點錢改裝現有的自行車，也可以從自行車行或是網路商店買來改裝。挑選自行車考量之處：

» 有力的輪子和寬胎。
» 握把寬，可固定控制器。
» 有魚眼孔，後座可鎖附。
» 前碟煞，可爬陡坡。

3. 安裝馬達

移除鏈條、曲柄組和五通管。卸除方法可能隨自行車有所不同，應該不至於太困難，但如果你沒什麼信心或是沒有所需工具，最好找有經驗的技工或是自行車行幫忙。

把中置馬達從五通管處套入，從另一邊鎖緊。剩下的就很簡單了。只要把馬達的

A

中置馬達組必須安裝於五通管上。

B

C

Parker Jardine

Scott D. W. Smith

線接到車上正確位置。接著重新組起自行車，固定油門、控制器、螢幕和煞車桿至握把。

4. 為電池接線和固定

我選用的自行車可以直接接上後置架。只要把電池放在兩邊馬鞍袋，平均分散重量即可。這個設計讓重心保持在低處，改善自行車的穩定性。此外，馬鞍袋還可以用來裝其他東西。

我選用的方形磷酸鋰鐵電池常用於儲存太陽能，易於保持單電池的平衡，而且不需拆開電池組就能換電池。

這樣的模組化功能很重要。我先安裝4個12V電池組和16個LED平衡模組（圖 B）。只要運用平衡單電池、智慧型充電器和馬達的終止閾值（cutoff threshold），不需要額外的電池管理系統。一顆52V智慧型充電器可在電池串聯時幫所有電池充電，充飽時自動斷電。

串聯四個電池組，快速測試一下智慧型充電器，接著在16顆單電池上安裝LED平衡模組。

將12V電池組一對一對串聯成數個24V電池組。如果連接器條不夠長，用鎚子捶扁它們，使之變長。

加上一顆30A直條保險絲至電池組正極。所有的接頭套上熱縮套管。

最後，測量、切割並安裝馬鞍袋至馬達XT90接頭的正極和負極線（圖 C）。恭喜，你已經成功將一般自行車改裝成電動自行車，並減碳90％。

更多照片、影片、祕技和詳細的步驟，請上
makezine.com/go/diy-electric-bicycle

BOTTLE CAP BIKE LIGHT

瓶蓋自行車燈 將汽水瓶蓋改造成耐用的自動閃爍自行車燈

文：尼可斯‧馬佛瑞瓦克斯　譯：Madison

尼可斯‧馬佛瑞瓦克斯
Nikos Mavrivakis

是一位希臘自行車手和單車旅行者，擅用回收和撿到的材料製作耐用環保的自行車裝備。他的部落格「Bicyclosis」有他旅行途中的故事和發明。https://bicycleobsession.wordpress.com/

Nikos Mavrivakis

時間：
1～2小時
成本：
5～10美元

材料
» 有蓋塑膠汽水瓶，20oz（2）
» 橡皮筋
» LED，1W
» 電阻，10Ω
» 硬幣型電池，CR2032或類似形式
» 電線，裸線或實芯線，長10"左右
» 喇叭線，2芯，長5'左右
» 鋁汽水罐
» 廢自行車輪胎
» 磁簧開關
» 小磁鐵，8mm×2mm以上，可以在舊耳機中找到。
» 束線帶、廢木材和防鏽線，用來將燈固定在車身上

工具
» 美工刀
» 電鑽
» 砂紙或高速旋轉工具
» 尖嘴鉗
» 烙鐵（非必要）

　　用回收物製作的自動車燈大概是全世界最環保的自製自行車燈了。塑膠汽水瓶蓋中放一顆LED，當輪子上的磁鐵經過感測器時，LED就會亮起，作用方式很像自行車電腦。任何人都可以自製──不需焊接。

　　1W LED亮度足以穿過瓶蓋，所以選擇橘色或紅色蓋子當尾燈。如果你的自行車輪為26"，每行駛82"尾燈就會閃一次。它的壽命可長達320小時，是外面賣的車燈的10倍久。

1. 製作外殼

　　割下寶特瓶的瓶蓋和瓶頸處。修整瓶頸，使切割處可以剛好塞進另一個瓶蓋。剪一段橡皮筋塞進另一個瓶蓋的凹槽中，讓橡皮筋的兩端稍微重疊。這樣可以讓雨水不要漏進去。

　　現在把瓶頸塞進另一個瓶蓋（圖Ⓐ），割掉原本瓶蓋下的塑膠環，磨掉瓶蓋上的文字和圖案。

2. 製作機構

　　從寶特瓶身上割下兩片塑膠片，長度比瓶蓋寬度稍長，用如圖Ⓑ的方式將兩片塑膠片卡在一起，形成一個圓形。

3. 固定 LED

　　將剛才的兩片塑膠片中間割一刀，再從寶特瓶上割下一片塑膠片，穿過兩片塑膠片。將中間這片塑膠片的中心位置割一個洞固定LED。LED的負極連接電阻，正極連接一條短電線。你可以用焊接或捲線的方式連接。

4. 固定電池

　　從鋁罐上切下一片和瓶蓋一樣的的圓形鋁片，磨去表面的塑膠。鑽四個小洞（圖Ⓒ），穿過一條短裸線，接著連接到電阻。再製作一片一樣的鋁片，這次連接一條短絕緣線。用這兩片鋁片夾住硬幣電池，塞進瓶蓋中，用一塊從內胎剪下的圓片蓋住。把兩條線接在一起，LED應該就會亮起。

5. 密封起來

　　把兩條線接到喇叭線。在第一個瓶蓋上鑽一個洞後，將喇叭線穿出，剪下幾片絕緣膠帶包住線，以塞住穿出處的孔隙。

6. 連接磁簧開關和磁鐵

　　將喇叭線接到自行車上的磁簧開關，把磁鐵固定在輪胎上。現在只要輪胎轉動，燈就會閃了！　◗

可以到專題網頁makezine.com/go/waterproof-bike-light看固定技巧、影片和完整的步驟照片。

INSIDE THE MONOWHEEL

單輪車，跑得快 有趣又獨特的代步玩具。

文：戴夫·紹特爾　譯：Madison

單輪車是一種天生很簡單的機器，畢竟只有一顆輪子嘛！它們的工作原理是透過駕駛輪胎內圈的座位基底前進——可以想成是永動的雲霄飛車。

一臺完整的單輪車通常是客製的。想要一臺自己專屬的單輪車嗎？以下是主要的元件：

1. 外框

必須要夠大、夠穩定，人可以坐在裡面，可以受傳動裝置驅動。我用直徑50mm的鋼圈，壁厚約3.5mm，整個外框直徑1.5m。我用自行車胎製作胎面，以空心鉚釘固定在鋼圈上。

2. 滾軸

滾軸讓外框得以繞著內框滾動。我訂製了直徑100mm、有滾珠座圈的尼龍滾軸，使之可以任意移動。我的單輪車上有四顆滾軸，有些設計師用得更多。如果有成本考量的話，可以用固定方向的滑板輪子。

3. 內框

內框上裝有滾軸、動力來源、傳動裝置和座位。可實驗不同的放置位置，只要讓重心儘量放低，以增加穩定性。

4. 動力來源

可用汽油引擎、電動馬達、腳踏板，甚至蒸氣動力。就看你喜歡哪一種，想要多大的動力。

5. 傳動裝置

一般常用摩擦式傳動。我用一個迷你檔車的輪胎靠在外框內部當做傳動裝置。

其他設計上要考慮的地方：必須計算排檔——如果你是第一次自製單輪車，建議最大轉速設定在10mph。煞車當然也很重要——如果煞車系統太硬，你可能會整個人在外框中打轉，所以最好儘量避免。

每一臺單輪車都是獨一無二的，這些要素不是規定，只是從我的經驗提供建議。看更多詳細介紹和想法，請上redmaxmonowheel.co.uk。祝旅途愉快！ ◢

Rob Nance

戴夫·紹特爾
Dave Southall

曾是街頭藝人、特技演員、大學講師、特效技師，最近的工作是電視節目主持人。他有電機學位，是電子學博士、3D設計碩士和一間小屋。

文：麥特・理查森　譯：Madison

CYCLE CHASER BIKE PROJECTOR

追車投影機 —邊騎車，一邊在街上投影依速度變化追著車走的可愛動畫。

Matt Richardson

時間：
3～4小時
成本：
500～600美元

材料

» **Raspberry Pi**，Maker Shed
網站商品編號 MSRPIK2，
makershed.com
» **微型投影機，電池供電**，Aaxa
商品編號 P4-X
» **USB 電池組**，附 micro
USB 線以供電給 Raspberry
Pi，Lenmar 商品編號
PPW11000UR
» **HDMI 線，full 轉 mini**
» **連接線**，Maker Shed 網站商
品編號 #MKEE3
» **小塊洞洞板**
» **霍爾效應感測器**，Melexis 商品
編號 #US5881
» **電阻，10kΩ**
» **小磁鐵**
» **絕緣膠帶**
» **魔鬼氈扣帶**
» **有後貨架的自行車**

工具

» **烙鐵**
» **鍵盤和螢幕**，設定用
» **3D 印表機（非必要）**，用於製
作固定「橋」

A

麥特・理查森
Matt Richardson
是一位創意技術人員和 Raspberry
Pi 的技術宣傳大使，在洛杉磯工
作。他是《 Raspberry Pi 入門》
（ Getting Started with Raspberry
Pi ）的共同作者和《 Getting Started
with BeagleBone 》的作者。

會開發追車投影機純粹是為了好玩。晚上騎車出門時，它可以用來在你的車子後面投影動畫。你騎得愈快，動畫跑得愈快。你慢下來，動畫也慢下來。當然，你可以依喜好修改動畫的內容，也可以從程式碼下手，以騎車速度為基礎更改行為。譬如說在車子後面投影火焰，你騎愈快，火燒得愈長？用一點寫程式的技巧就可以做到。

在單車貨架上固定一臺電池供電微型投影機，投影 Raspberry Pi 電腦中的影片（圖 Ⓐ）。這個專題的程式碼是用 open Frameworks（ openframeworks.cc ）寫的。OpenFrameworks 是開放原始碼的 C++ 工具組，可寫出有創意的程式碼。我喜歡 openFrameworks，因為可以用在許多平臺，包括 Windows、Mac、iOS、Android，當然還有 Linux。OpenFrameworks 的開發者對於 Raspberry Pi 的支援性很夠，所以上手和執行幾乎不是問題……只是需要點時間。

用 openFrameworks 搭配 Raspberry Pi GPIO 函式庫 WiringPi（ wiringpi.com ）時，可以從你的程式碼讀寫 Pi 的腳位。這個專題會用到霍爾效應感測器，用於感測附近的磁場。

車胎轉動時，固定在車胎上的小磁鐵會觸發感測器，程式碼就會播放動畫的下一幀。也就是說，如果輪胎轉速為 60 mph，動畫就會以每秒 60 幀（ 60 fps ）的速度播放。

成功完成這個專題後，你可以試著修改程式碼。要如何進一步改裝呢？也許是把你騎車的速度用超大的數字投影出來，或是顯示轉彎燈號？繼續改裝吧，最重要的是，有趟安全又好玩的旅程！ ◑

到專題網頁 makezine.com/go/cycle-chaser
可以看到完整的說明、程式碼和影片，並分享你的心得。

Skill Builder

你需要的有趣資訊
和小祕訣都在這裡

文：喬登・邦可
攝影：赫普・斯瓦迪雅
插圖：吉姆・柏克
譯：王修聿

有些技巧是否看起來過於複雜，難以理解呢？我們要讓一切變得更簡單，並幫助你能夠更駕輕就熟地運用各種技巧，讓自造作品更上一層樓。

選對電池

完成專題的設計之後，再來就是選擇適合的電池。化學電池種類繁多，每種特性也不同。那麼該如何選電池才好呢？我們列出了各種類電池的基本特性，幫助你更瞭解如何選對電池。

針對本篇所列的電池種類，我們分別依以下屬性評分，5分為最高分，1分則為最低分：

比能：比能是電池每單位質量所具有的能量，通常以瓦時／公斤（W・h/kg）為計量單位。
循環壽命：這是指電池效能下降前能夠承受的反覆充放電次數。
保質期：主要取決於自放電率，也就是電池在不使用的狀態下，會自體耗損多少能量。
價格：不同的電池價差很大，端看你需要的尺寸和電力。

	乾電池	鎳鎘電池	鎳氫電池	磷酸鋰鐵電池	鉛酸蓄電池
比能	3	1	3	5	1
循環壽命	0	3	2	5	1
保質期	5	3	2	4	4
價格	5	3	2	1	4

乾電池

乾電池能供電給最小型的隨身裝置。最常見的乾電池為碳鋅電池和鹼性電池。乾電池大多為不可充電電池，應用上只能滿足低電量的需求。不過由於乾電池非常容易取得，安全性高，保質期又長，適合運用在各種小型裝置上。

鎳鎘電池

鎳鎘電池（簡稱NiCd或NiCad）的好處是電壓穩定，不使用時電荷耗損量小。不過缺點是有可怕的記憶效應，也就是電池在放電不完全的情況下又被充滿電時，電池容量會因此減少。

鎳氫電池

鎳氫電池（簡稱NiMH）提供比鎳鎘電池更高的電容量，但仍無法滿足高放電率的需求。雖然其價格更高，循環壽命更短，不過其記憶效應沒有鎳鎘電池明顯。

磷酸鋰鐵電池

磷酸鋰鐵電池（簡稱LiFePO$_4$）提供高電流密度放電，循環次數可達上千次，而且不會像鋰離子電池一樣因短路爆炸。想當然，這些好處也代表著電池的高價位。

鉛酸蓄電池

鉛酸蓄電池重量雖重，但是種便宜耐操的可靠電池。由於重量的關係，較常應用在非可攜式裝置上，例如太陽能板的儲能設備，汽車的點火裝置和車燈，以及備用電源。

如何處理金屬板材

想替你的專題加個外殼嗎？還是你正在製作一臺能嚇壞鄰居的大機器人呢？這種時候，金屬板材很可能就會派上用場。金屬板材分成許多種類和尺寸。以下提供一些訣竅和小技巧，幫助你將這種亮面板材塑成你要的形狀。

厚度

使用金屬板材時，很重要的一點是決定所需厚度。測量方式就像金屬絲一樣，可使用標準化量器，量器數碼愈大，表示金屬板材愈薄。金屬板材可用金屬板材號規來測量厚度，上頭同時顯示號規數碼和單位千分之一吋。有一點很重要，就是相同規格的含鐵和非鐵金屬板材，實際上厚度是不同的，因此測量含鐵和非鐵金屬板材時，會各自需要專用的號規。

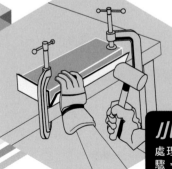

鋁板

銅板

鋼板

黃銅板

鍍鋅鋼板

小祕訣

處理小尺寸的金屬板材時，可以仿照下方所述步驟，將金屬板材夾在木塊間，用虎鉗固定後，再把金屬板材錘彎。

折彎

要彎金屬板材不容易，但只要用對工具就能輕鬆搞定。頻繁處理金屬板材的人，通常工作室都會有金屬板材折彎機，不過這種工具對偶爾玩玩金屬板材的人來說會有點太貴。所幸這裡有兩種解法能幫你省荷包。

運用工作檯的邊緣、1段木條、2支夾鉗和1支木槌，就能製作一臺堪用的折彎機。將金屬板材標好折線放在工作檯緣，接著將木條平行置於折線後。木條壓好金屬板材後，用夾鉗固定於工作檯上。最後，徒手將金屬板材折彎至所需角度。你若想摺成垂直90°，就用木槌沿著折痕敲打。

裁切

金屬板材的裁切工具有很多種，每種也各有優缺點。以下為比較常見的幾種工具，不過這些僅是裁切工具的一小部分選項而已。

鐵剪

一般俗稱「航空剪」或「鐵皮剪」，這種外型像剪刀的工具很適合用來裁切材質較軟的金屬板材，像是錫板、鋁板、黃銅板和薄鋼板（號規數碼24以上）。根據欲裁切的形狀，可使用左剪、右剪或直剪，一般以握柄顏色作區分：紅色為左剪、綠色為右剪、黃色為直剪。裁剪時，將金屬板材嵌進鐵皮剪中心點是最好剪的方式。

弓鋸

弓鋸可用來裁剪金屬板材，但其形狀限制了其旋轉半徑和裁切深度。若欲延長鋸條壽命，可在鋸齒上抹上蠟。為裁出利落的切痕，在金屬板材上下面貼上一條封口膠帶，避免裁切時金屬板材被碎屑刮到。

線鋸

品質優良的線鋸搭配上裁切金屬的專用刀片，就能輕鬆裁切金屬板材。你若想裁出直邊，可在金屬板材上鉗支直尺，做為線鋸底板的操作基準。

剪孔鉗

剪孔鉗很好控制，但在裁剪的時候會犧牲掉一些寬度。剪孔鉗每切一下就會壓掉一小塊金屬板材，這是無法避免的。這裡圖中所示的剪孔鉗是手動的，不過電鑽驅動、電動和氣動式也都很常見。

用桌鋸裁鋁板

聽起來可能很令人難以置信，不過桌鋸可以用來裁切鋁板。請使用至少有60個鋸齒的鑲硬質合金鋸片，並且上蠟以潤滑鋸片。慢慢來，小心操作，記得要戴耳罩！

帶鋸機

用對刀片的話，用帶鋸機來裁切金屬板材就會很簡單。鋸切金屬的速度必須比鋸切木材還要慢，不過很多帶鋸機都有多段式皮帶輪，因此有變速功能。

去毛邊

通常金屬板材在裁切後邊緣會出現鋒利的毛刺，請務必記得要處理掉！你若常使用金屬板材的話，建議可以購入去毛邊的專用工具，不過用銼刀快速處理一下也行得通。相信你的手指頭會很感激你的！

認識無線
展頻遙控

甫踏入無線電遙控（R/C）的
花花世界，挫敗感可能會很重，為
了讓你能更輕鬆上手，以下介紹
2.4GHz頻帶無線展頻遙控，以及
無線電遙控設備的基本零件。

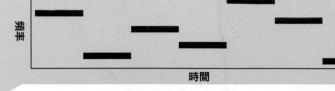

頻率 / 時間

頻率 / 時間

發射器

發射器的功能就是將搖桿的動作方向轉換成數位
訊號，再經由無線電傳送到接收器。發射器有多頻
道能夠控制多重組件。比方說，發射器若有6個頻
道，就能操控多達6個伺服機或馬達的動作。這些
「頻道」不同於無線電頻譜的次諧波頻率頻道。

舊型的無線電遙控系統是使用72MHz和
75MHz頻率，現今則是使用2.4GHz微波無線電
頻譜，加上一組畫龍點睛的無線通訊協定，讓系統
更加穩定。這些新型無線電遙控系統的核心為跳頻
展頻（FHSS）和直接序列式展頻（DSSS）技
術。兩者皆能克服舊型無線電遙控系統會有的干擾
和頻率衝突問題。不同廠牌的發射器實際上所使用
的無線技術也不同，不過一定會結合跳頻展頻和直
接序列式展頻來避免不同無線電遙控系統間的干擾
和頻率衝突。

舊型無線電遙控

在革命性的2.4GHz無線電頻譜出現以前，無線電遙控系統的頻
率大多使用27、50、53、72和75MHz。這些系統僅能承受一
個頻率一次只有一個發射器發射電波。若在同個頻率上同時使
用多個發射器，無線電遙控載具便會受到干擾或失控。操作者
也得小心避開容易造成使用中頻率干擾的地帶。因此現今市售
的無線電遙控系統幾乎都是使用更加安全的2.4GHz無線電頻
譜。

無線電遙控勝過WI-FI和藍牙

許多新型多軸飛行器和玩具車都能藉由Wi-Fi或藍牙這兩種無線技術
來操作。最大的優點是能夠使用智慧型手機和平板電腦的軟體來操控
載具，不必再特地添購發射器。不過缺點是搖控範圍的限制，而觸控
式螢幕提供的反饋手感也不如一般無線電遙控發射器的搖桿和開關。

FHSS

跳頻展頻技術會不斷切換用來傳送無線電訊號的頻道，以降低因單頻道受到干擾而訊號中斷的機會。跳頻的模式看似隨機，但事實上在傳送訊號前，必須先配對連結發射端和接收端，確認兩者能同時跳換到同一頻率上。

DSSS

直接序列式展頻技術會擴充無線電訊號的頻寬（次諧波頻率），該頻寬比舊型窄頻單頻道系統還大。意思是若有多個頻道受到干擾，訊號仍能透過其他頻道傳送出去。

接收器

接收器自發射器取得搖桿的資料後，再傳送到無線電遙控載具的伺服機和馬達。發射器和接收器多半成組販售，但也可以分別購買。欲分別購入，請確認各組件的相容性，畢竟各品牌會使用各自的專有技術，也常和其他品牌的系統不相容。

圖中所示的是接收器裸板，不過市面上的接收器幾乎都會有塑膠外殼。自接收器接出的短電線就是天線。你的載具若是金屬或碳纖維製成的，就要確認接收器是設在天線不受干擾處，因為2.4GHz無線電波是無法穿透這些材質的。

伺服機

伺服機是種齒輪電動機，能精準控制動作。伺服機裡通常會有一個電路板、一顆小型直流電動機，以及傳動裝置。接收器會輸出一個脈寬調變訊號到伺服機，並且由電路板轉成精確的操作訊號後，再輸至直流電動機。位置回授可變電阻安裝於伺服機輸出軸上，電路板會讀取其數據，以偵測輸出軸的旋轉動作。接著根據脈寬調變訊號，來比較軸承的理想位置和實際位置，找出正確的旋轉方向和轉動時機。

電子調速器和馬達

你需要一顆電子調速器（ESC）來控制馬達。調速器能將接收器的低功率訊號轉換成高電流的控制訊號，以驅動馬達。電子調速器依搭配使用的馬達類型分成兩種：無刷和有刷。有刷調速器能將脈寬調變訊號傳送至有刷馬達，無刷調速器則是在連接至馬達的3條電機控制線間切換電流。

選購電子調速器前，要先知道你所使用的馬達最大額定電流為何。電子調速器的最大額定電流應比馬達還要多5或10安培，因為馬達吃的電流通常會高於其所標示的最大額定電流。電子調速器大多可以程式化，以設定馬達的驅動特性。

認識鉚釘

　　若想固定住兩種工件，鉚接可說是歷史最久遠也最可靠的方法了。原理很簡單：鉚釘是一頭端凸起的圓柱，將尾端插入工件上的孔，並將另一端錘平，以固定工件。正如許多簡易的發明，鉚釘也隨著時間增加了許多新的複雜變化，鉚釘的種類也因此跟著變多。以下將介紹居家工作室最常使用的兩種鉚釘。

輕鬆鉚接

有上百支盲鉚釘等著你安裝嗎？考慮購入一支氣動鉚釘槍或電鑽轉接頭吧！這樣可以加快處理速度，也不會因為整天使用手動鉚釘器而傷到自己。

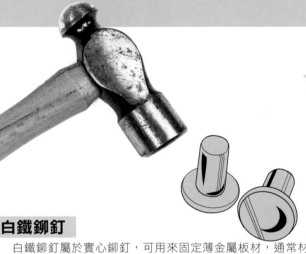

盲鉚釘

　　盲鉚釘用起來最快也最簡單。盲鉚釘的英文俗稱「pop」（以一著名鉚釘廠牌為名），能夠從單面安裝，不像實心鉚釘和螺栓必須從雙面安裝。只要使用正確，盲鉚釘能夠牢牢固定工件，不像實心鉚釘必須仰賴鐵槌搥打。

　　盲鉚釘由兩個零件組成：管狀的鉚釘和止動心軸。安裝時，將兩個零件插入孔中，並將專用工具（鉚釘器）置於心軸上。緊握工具雙柄，芯棒就會打入鉚釘管，擴大工件另一側的鉚釘管盲端。心軸完全脫離鉚釘時，即完成鉚接。

白鐵鉚釘

　　白鐵鉚釘屬於實心鉚釘，可用來固定薄金屬板材，通常材質為軟鐵或鋼，鉚釘頭扁平。白鐵鉚釘由工件下側往上穿過固定，並將一大塊金屬平面（例如鐵砧）置於鉚釘頭下方。接著拿一種撞釘用的鉚釘工具，其尾端有個直徑稍大於鉚釘的盤形凹槽，將凹槽對準鉚釘尾部重複錘打，直到鉚釘尾部變成扁平圓頭狀。

鉚釘的材質

　　鉚釘的材質選擇很講究，最好依欲鉚接的金屬板材質做選擇。若想鉚接皮革，鉚釘的材質就要選用鋁、銅或黃銅，因為皮革內所含的水分容易造成鋼製鉚釘生鏽。

鉚釘替代品

若手邊沒有鉚釘工具或白鐵鉚釘，其實可以用屋頂釘和球頭錘作替代。將釘子插入孔中，並將其長度裁至其直徑的1.5倍。將工件倒過來置於搥擊面上，釘子頭面朝下。用球頭錘的平面端往釘子末端敲打，壓出鉚釘頭輪廓，接著使用球頭錘的球頭端，以繞圈的方式敲擊之，敲成圓頭狀。

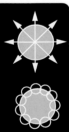

噴漆技巧

若想替專題上色，噴漆是種很方便的方式。你想要什麼顏色幾乎都有，而且在大型五金百貨就買得到。噴漆看似簡單，但若是不熟悉操作方式，可能會做出令人失望的成品。本篇提供一些小訣竅，讓你的上色成品如想像般美好。

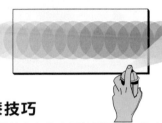

基礎噴漆技巧

首先要確認欲上色的表面乾淨平滑，沒有鐵鏽或碎屑殘留。表面只要不平滑或有任何瑕疵，上色後就會很明顯，所以請使用砂紙或鋼絲絨清理表面至光滑，接著拿塊不含棉絨的布擦去殘留的灰塵。

先拿罐室溫下的噴漆，搖個3、4分鐘將裡頭的漆搖勻。搖勻的動作不嫌多，只嫌少！在噴漆的時候，記得也可以隨時搖一下噴罐。

噴的時候，在距離上色面約10〞到12〞處按壓噴頭，先對準上色面的一側噴，再朝水平的方向順著噴至另一側後，放開噴頭。噴的時候用整個手臂的力量去移動噴罐，別只用手腕。記得噴頭移動到上色點之前就要先按下，待過了上色點後再放開。

若上色表面面積較大，需要反覆來回噴多道漆，那麼重疊的塗層不要留太大。用薄噴的方式，一邊噴一邊讓每道漆有乾燥的機會，這樣會比厚噴來得好看。不同的漆所需的乾燥時間也不同，所以記得看噴罐上標示的乾燥時間。噴的時候要有耐心，均勻地重複薄噴多道漆（通常最少三道），上色成果就會頗具水準。

完成噴漆作業後，將噴罐倒過來噴，直到噴不出顏色。這個方法可以清噴頭，以免有殘留的漆在噴頭裡乾掉。

使用噴槍

如果你必須進行大規模上色，手邊又有空壓機的話，就能考慮購入噴槍。噴罐是利用罐裡的壓縮氣體將漆噴出，而噴槍則是利用空壓機，將漆從漆桶吸出，再透過噴嘴噴出來，可以噴出漂亮的塗層。

戴上防毒面具！

噴漆時所產生的煙霧是有毒的，然而便宜的防塵面罩無法提供足夠保護。因此噴漆時，記得在通風良好的地方作業，才不會累積煙霧。可換濾毒罐式防毒面具大概只要20、30美元就可買到，而且可以用很久。長遠來說，這會替你省下一筆錢，至少省去了因呼吸道出現問題所花的醫藥費。

久未使用的噴漆罐

用過的噴漆罐有時候會噴不出來。這時取下噴頭，將其浸泡在礦油精或油漆稀釋劑等溶劑中過夜，將裡頭的漆溶解掉。若這樣也不管用，就試著將噴罐浸到一桶熱（非滾燙）水裡。此方法能降低漆的黏性，並且增加噴罐中的氣壓。

替小型物件上色

若想替小型物件上色，可以使用噴漆室控制噴漆面積。你也可以將紙箱的側面朝下倒過來放，以代替噴漆室。將物件置於轉盤上，如此一來，轉動物件的時候就不會碰到手，方便從各個角度上色。

打造屬於你的 **BB-8** 譯：孟令函

Building Your Own
BB-8

R2，注意了！大家最愛的《星際大戰》機器人最近面臨挑戰，因為星際大戰的宇宙裡，出現了叫做BB-8的新寵兒。除了外表超可愛之外，BB-8也是工程學上的一個謎團，因為在它會滾動的圓形身體上，有個長的像R2的頭在滑動。身為一個星戰迷，我超想要得到它；身為一個Maker，我一定要試試看自己動手做一個。你也想動手試試看嗎？以下有三種方法可以讓你做出自己的BB-8。

口袋版迷你
BB-8：

時間：
1天
成本：
150～200美元

材料

» Sphero 1.0 機器人玩具
» Plasti Dip 噴模：消光灰
» 噴漆：橘色、白色、透明保護漆
» 釹鐵硼環狀磁鐵：³/₄"
» 釹鐵硼圓盤狀磁鐵：³/₈"
» 有背膠的毛氈墊：直徑
   090"×³/₈"
» 塑膠泡棉
» 木頭填料
» 紙膠帶
» Sharpie 麥克筆

工具

» 弓鋸
» 工作檯虎鉗
» 3D 建模軟體
» 熱熔槍
» 筆刀
» CNC（非必要）
» 雷射切割機（非必要）
» 鑽床（非必要）

克利斯欽製作的
BB-8

POCKET-SIZED ROLLER

文：克利斯欽·包爾森

PROJECT #1

口袋版迷你 BB-8
駭進Sphero，仿製銀河中
可愛的新成員機器人

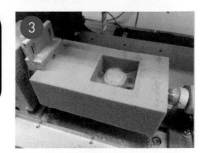

Christian Poulsen

克利斯欽·包爾森
Christian Poulsen
是最近剛從楊百翰大學的工業設計系畢業，除了自己接案設計之外，他也非常喜歡重新改造、整修他70年代的老保時捷——賽巴斯欽。

身為一個工業設計師，我特別欣賞那些有人性、有感情的作品。對我來說，《星際大戰》裡的機器人一直都是非常引人入勝的角色，它們沒有實際的表情，但是你就是無法不喜歡他們。

在BB-8第一次登上星戰博覽會的舞臺時，它跟之前的機器人都擁有迷人風采。親眼看到BB-8滾動過我的眼前後，我腦中蹦出的唯一想法就是：「我也要！」所以我就自己動手做了。

在製作BB-8時，我特別享受製作所花費的時程。對我來說，我著手製作的作品通常都要花上幾個星期，甚至幾個月，才能完成。然而在製作BB-8時，我督促自己發揮潛力，在一天內將它製作完成。也因為如此，BB-8的表面噴漆並不十分完美，但我覺得這正是無心插柳下得到的效果，看起來就像是BB-8經過了一番風吹雨打一樣。最終我還是堅持我的目標，在幾個小時內完成了整個作品。我想盡可能捕捉原本的機器人傳達出來的個性跟特色，看到最終的成果，我很滿意。

1. 分開 SPHERO 1.0

用弓鋸將Sphero機器人玩具從接縫處切開來，在切割的時候要小心不要切到中間的電路板（我沒把Sphero 2.0切開過，所以我不確定這在Sphero 2.0行不行得通）。

2. 組裝磁鐵

在Sphero中心電路板上，有一個小裝置，它剛好頂住整個圓球的上方，而且稍微有點吸震功能，接著把¾"的釹鐵硼環狀磁鐵放到那個小裝置上。用筆刀把Sphero的切口清乾淨，現在整個小圓球內部已經具有磁性的結構，可以用熱熔槍把兩個半球黏回去了。

3. 設計並製作 BB-8 的頭

你可以用你喜歡的3D建模軟體製作，或是直接用手刻也可以。我在Rhino上用我從預告片上擷取的畫面製作，這樣才能確保機器人的比例正確。我用塑膠泡棉在CNC上做出我的設計，然後用木頭填料修飾表面。

4. 剪貼及上色

在紙膠帶上剪出不同顏色區域的形狀，到時候可以在上色時，貼住還沒要上色的部分。我非常認真的雷射切割了我要用的紙膠帶，並且用了灰色的Plasti Dip來當底漆，因為比起一般漆來說，它比較不會透光，就可以擋住Sphero本身的LED燈光（閃著綠光的機器人真的不是我的菜）。等底漆乾了以後，就可以再用橘色噴漆上色了。

5. 塗上最後一層保護漆

把要留下橘色的部分貼起來，然後漆上白色，再用麥克筆畫上細節，然後塗上最後一層透明的保護漆。把保護漆這一層塗好很重要，因為它可以儘可能減少頭跟身體之間的摩擦。

6. 加上磁鐵與毛氈墊

等機器人身上的漆都乾了，把³/₈"的釹鐵硼圓盤狀磁鐵裝到機器人的頭裡，然後再貼上一片小的有背膠的毛氈墊，它就可以輕鬆的滑過機器人身體部分的表面了。我用鑽床把磁鐵壓得深一點，讓它跟表面平行，然後再把它黏上正確的位置，接著再貼上毛氈墊。

這個機器人是透過藍牙以Sphero app控制，但它也有自己的意志。它的頭比較重，所以會偏向某一個方向，而陀螺儀就會試著修正這個偏向，而你只要將它推向某一個方向，它就會朝那個方向滾動過去。或許在底部增重可以解決這個問題，也或者BB-8需要的是抑制螺栓！

更詳細的製作步驟，請上：makezine.com/go/sphero-bb8

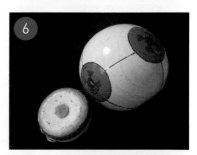

Hep Svadja

電動車與硬碟的改造 文：柯特‧辛默曼

POWER WHEELS AND HARD DRIVES

PROJECT #2

一位經驗豐富的R2-D2製作者，跟我們分享他在BB-2的製作過程中，經歷的樂趣與挫折。

2014 年的 11 月，BB-8 第一次躍上大螢幕。從那個時候，科特就開始嘗試製作 BB-8 的頭與外殼了。

柯特‧辛默曼
Kurt Zimmerman
是 R2-D2 製作者俱樂部密西根分部的成員。他著述了超過 90 本兒童小說與科幻小說，他也非常喜歡做木工、設計建築、重新組裝骨董龐帝克車。

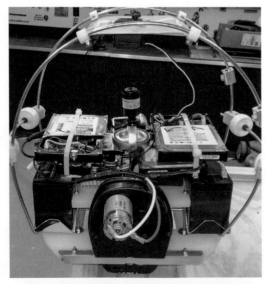

在機器人的內部可以看到我活用了各種材料，包括了硬碟、紙板、刷柄還有兩個 Power Wheels 兒童電動車的馬達。

這到底是啥？

我在星際大戰7的前導預告裡，第一次看到 BB-8，我盯著它大概3秒鐘左右，心裡第一個冒出的想法就是上面那句話。沒人見過這種機器人，它的構造就是一個半球體在一個轉動的球體上滑動。

我得擁有一個BB-8。

經過思考後，我認為我可以在球體裡面裝置一個遙控槽，就可以驅動機器人下半部的球體，這樣上半部的半球體就不會掉下來了。三個禮拜後，我用發泡塑膠替半球體做了一個外殼，我還拆解了五個電腦滑鼠，把它們裝在半球體的下方，然後我把這五個滑鼠裡的橡膠球換成了 $7/8$" 的不鏽鋼軸承。球體裡面的遙控槽外裝有骨架，用來支撐一排五個的磁鐵圓柱，而這些磁鐵圓柱又有彈簧支撐它們，在整個遙控槽在球體內部前進的同時，這些磁鐵圓柱可以持續與半球體裡的不鏽鋼球相吸。但這個設計是失敗的，有兩個原因，第一，這個遙控槽只有四個角會跟球體接觸，所以摩擦力不足；第二，整個機器人本身的慣性會使得它在停下時，下半部的球體部分會持續滾動，因此會讓上面的半球體彈開。我必須想辦法增加摩擦力，並想辦法讓球體更穩定。我想到的辦法是，自製一個驅動系統，在下半部球體的底部增加重量以及摩擦力，包含了兩個橡膠輪子，由 Power Wheels 兒童電動車的馬達及變速箱啟動，並且使用 Sabertooth 2×25 馬達控制器，以無線電操控，這樣我就能好好操控，也有足夠的摩擦力了。我可以把驅動系統轉360度，這樣就有足夠的動力，可以克服球體頂端的磁鐵拉力帶來的摩擦力。我也加上了一個滑臺，這樣我就可以在球體的下半部，前後滑動整排磁鐵；還有一個可以360度旋轉的伺服機，可以旋轉整個有磁鐵的平臺，以及上面的半球體。

最後我用購自 edee.com 的 18" 碳聚酸酯球，用來封住整個球體（現在有些人在討論，覺得20"的比較適合）。碳聚酸酯球買來的時候，就已經有一個圓形的切口了，而且在切割整個球體的外殼時，會在球體上產生裂痕，所以3個碳聚酸酯球可能比較夠用。為了穩定機器人本身，我買了我能找到僅有的「老式」陀螺儀，但是它的旋轉質量不夠，無法穩定這麼大顆的球體。為了增加其旋轉質量，我用廢棄的電腦硬碟，製作了額外的四個陀螺儀，在上面各自疊了四片光碟，用電子線路控制，以電池供電，使其旋轉。

我也複製了BB-8身上的不同紋章，這樣就製作出了更像原作的BB-8了；我打算重新製作機器人的外殼，讓它更像在電影裡的樣子。

想知道辛默曼製作BB-8的完整過程，可以到 makezine.com/go/zimmerman-bb8

Kurt Zimmerman

在《星際大戰：原力覺醒》的預告開播時，大家都在網路上談論這個圓圓的機器人。

這個新的機器人點燃了我們對特效的興趣跟好奇心，「他們真的會做一個實品出來嗎？」而答案就在星戰博覽會揭曉了。在看到跟R2-D2差不多大小的BB-8四處滑動後，我們對BB-8的好奇心馬上轉變成了著迷的心情。這個球型的機器人真的有實體版了，世界各地的駭客跟Maker都覺得自己知道這個機器人是怎麼做出來的。概念藝術（Concept art）、3D列印、實物原型，各式各樣的影片都在Youtube上出現，我們覺得自己也該試試看。

因為也有其他人在嘗試破解BB-8的祕密，我們很想加快腳步，提出初步的概念。多虧了ServoCity以及他們的線上CAD模型，我們很快的就藉由Actobotics建立了機器人的內部結構。而細節部分跟內部的零組件，我們就利用3D列印的技術，來快速得到成果。愛島創作者空間（Loveland Creator Space）為我們提供製作空間以及豐富的資源，讓我們順利完成這次的專題。我們對於機械結構的靈感來自Sphero，當初第一次看到影片時，我們就覺得Sphero應該可以派上用場。就這樣，我們拆開了一個Sphero，開始試著複製它的機械結構。為了做出頭跟動作，我們參考了舊的Sphero模型，原本的Sphero只有單一個頂部支撐結構，而Sphero 2.0裡有兩個滾輪，用來支撐頂部。我們的設計則是結合了這兩種結構，利用滾輪使整個結構穩定，並作為中心的支撐，讓頭部跟磁鐵連結在一起。而機器人的外殼，則是2個客製化$3/8$"厚的聚碳酸酯半球體。我們決定循此步驟，確保整個球體夠不夠圓，強度跟厚度是否足夠，可以把LED放在這個會移動的機器人外殼上。

整個專題背後，有四位Maker的貢獻，四個人的共同愛好就是機器人跟星際大戰，狗狗飛力皮的陪伴在這整個專題裡也不可或缺。我負責製作讓BB-8動起來的機械結構；潘蜜拉·科特爾斯是另一位SparkFun的工程師，她則是創造出了機器人的大腦，這個大腦以Raspberry Pi和Sphero組成；她也讓BB-8有了自己的聲音，這些聲音中還包含了其他令人喜愛的機器人的聲音，做為給大家驚喜的彩蛋！艾利森則是負責整個機器人的藝術概念，包括了機器人浮著的頭部，還有那些來自電影的細節。凱維斯和莫瑞斯，他們兩位原本是藝術家，現在則轉而從事工程師，他們的雕刻的技術與選角的經驗，讓整個機器人的外觀不會出錯。◐

我們有BB-8設計的完整記錄，全部都是開放原始碼！完整的製作過程，請上：makezine.com/go/open-bb8

在Sphero裝上Raspberry Pi
PI-POWERED SUPER-SPHERO

文：凱西·孔恩

PROJECT #3

一個以工程師與藝術家組成的團隊，成功做出了外觀、動作、聲音都跟真品超像的BB-8。

團隊成員包括（從左到右）：潘蜜拉·科爾特斯、艾利森、凱維斯、凱西·孔恩、莫瑞斯、伍德斯、飛力皮。

機器人的內部結構最初先以Sphero的玩具為基礎，用軟體仔細設計。

凱西·孔恩
casEy kuhns
白天是Sparkfun的工程師，晚上則是從事電腦程式設計。來自美國科羅拉多州的波德，他曾製造過太空酬載的裝置，重新組裝噴射引擎，玩戰鬥機器人。

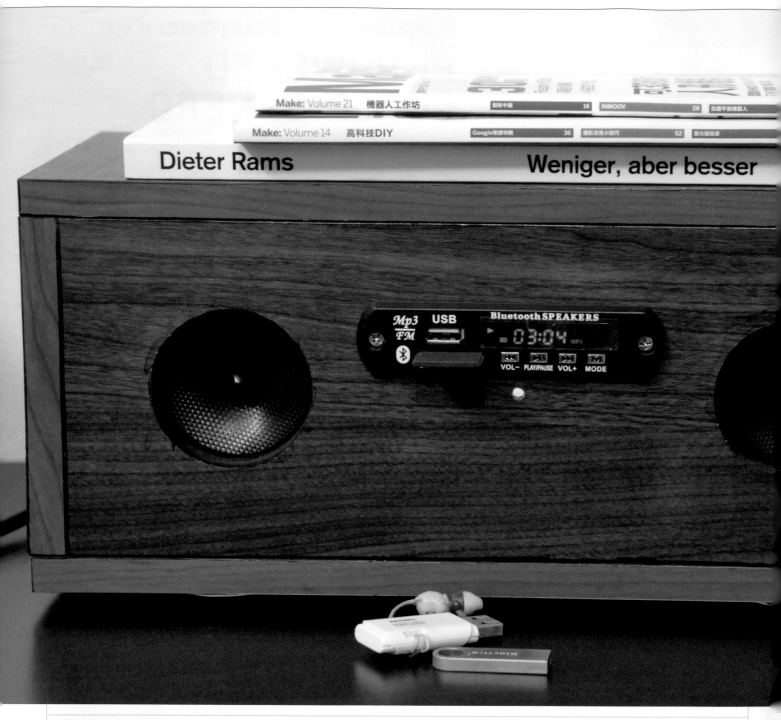

Make A
Desktop Audio System
DIY 桌上型音響系統

文、攝影：黃泰穎

打造一臺具複合式播放功能的桌上型音樂工具！

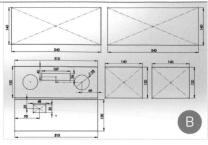

ss but better

時間：
約20～24小時
成本：
約2,300新臺幣

有好一陣子熱衷於音響領域和相關DIY應用，曾經嘗試自製過幾個專題，至今仍喜歡這類有趣的實作。 當然音響這種以聲音論價，每人的感受都不同，從幾百元就能發出聲音的便宜裝置到數萬元等級，甚至到令人咋舌的上千萬元發燒音響級距都有；不過這次專題分享並不打算像其它音響發燒DIY專題以高檔的零件和艱深的電路實作，出發點仍以材料相對容易取得、手邊常見的電子零件為主，經由一步步實作來了解音響基本的運作架構。由於平常在家時習慣播放一些音樂或廣播做為背景音樂，

所以有了自製一臺功能簡單、不只能用來播放FM廣播，也不會佔用龐大空間的桌上型音響的想法。

我在拍賣網站上單純的想找塊FM廣播電子套件時，意外發現了整合了MP3、AUX、BT、FM廣播等功能的控制板半成品（可以在網路上搜尋「MP3解碼板」）（圖 A ）。幸運地，售價並不貴，剩下的功率放大器和其它的穩壓套件也很容易在網路上或電子零件行購入。

整體規劃與前置

首先在電腦上先畫出箱體大略尺寸和開孔相對位置，大約需要6塊大小不一、厚度約1.3公分（約½吋）的密集板（MDF）如圖 B ，至於密集板可以在裝潢材料零售商或網路上購得。請特別留意密集板在使用或保存時遠離水分或潮濕的地方。如果沒有相關的切割工具或對自己切割木頭沒有信心的話，強烈建議找有提供裁切服務的賣家，可以省下許多寶貴時間！裁好的密集板如圖 C 。

正式在密集板上開洞之前，我先在家裡的木材廢料區裡找到一塊松木板，比著設計圖鋸好一塊大小一致且挖好二個喇叭孔的前方控制面板。此步驟除了檢查鑽好的圓孔誤差是否影響喇叭單體安裝外，也方便之後調整測試（圖 D ）。這次使用電動起子搭配57mm的挖洞鋸片，手持電動起子時，垂直向下出力再控制好轉速不要過高，如此一來就可以切割出邊緣整齊的圓孔，必要時可以用150號砂紙打磨修飾。之後請確保選用的喇叭單體（使用日本ONKYO 8Ω 2.5吋全音域單體）能順利裝入，且振膜不會卡在洞口邊緣（圖 E ）。

黃泰穎
待過資訊電子產品驗證實驗室和美商BIOS公司。閒暇時喜愛DIY的自造者，興趣包含透明水彩、音響及攝影，也是喜歡去日本旅行的愛好者。

材料

» 多功能 MP3 解碼板（1），含遙控器。
» MDF 密集板（6）
» AC 110/ 9V 2A 變壓器（1）
» LM317 穩壓套件（1）
» AMS117 5V 穩壓模組（1）
» 電源開關（附保險絲）（1）
» 2.5 吋 8Ω 喇叭單體（2）
» PAM8403 功率放大板（1）
» FM 天線（1）
» 隔音棉（1）
» LED（1），顏色不限。
» 波音軟片（數張），款式不限。
» 電源線（1）
» 小型腳錐（5）

工具

» 熱熔膠槍
» 烙鐵與焊錫
» 尖嘴鉗
» 斜口鉗
» 熱縮套管
» 57mm 挖洞器
» 電動起子
» 黑色噴漆罐
» 白膠（或木工膠）

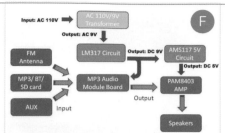

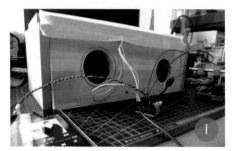

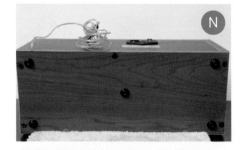

著手製作內部電路

這次使用市電110V再轉換成所需的DC電源,LM317穩壓電路轉換後的DC9V除了提供MP3解碼主控板電力之外,部分DC 9V電源再經由AMS117穩壓模組降壓轉換成DC 5V給PAM8403功率放大電路使用。電路規劃如圖 F 。

AC 電源

通常在製作DIY音響專題時,會特別著重於變壓器的品質,因為轉換後的效率是否穩定及通電後的哼聲,常是音響DIY初階Maker會遇上的頭疼問題。建議在變壓器部分盡可能在預算內選用鋼材及做工品質比較好的產品,畢竟能提供穩定且充沛的電力輸出是很重要的。筆者選用的這顆AC 110/ 9V 2A變壓器是以前請專業的師傅手工製作的,雖然價錢比市售量產品貴上至少約⅓售價,但仍算值得投資。另外,在變壓器的各電壓輸出抽頭處請裝上熱縮套管保護以防短路意外(圖 G)。

> **小祕訣:** 在變壓器底部鋪上一層軟式介質可以減少一些運作時的震動。

DC 電源

由於變壓器另一側輸出仍為AC電壓,並不能直接供電給其它電子零件運作,故需要再經過一道AC-DC轉換手續。DC電源處理是採用LM317穩壓器套件,它很常應用在音響內部電源穩壓,是個可靠的高精密度可調整穩壓架構,電路也很簡單,您可購買電子套件來省下一些時間,而且相關零件不多,電子製作初學者也可以順利完成。雖然這次完成品的耗電量極低,絕大多數運作遠低於0.5A;但在此建議您還是要裝上LM317的散熱片,畢竟它要負責將多餘的電壓轉換成熱能消耗,足夠大小的散熱片將會讓LM317得運作更加穩定長久。而比較有經驗的Maker,可以嘗試在LM317的濾波電容部分替換品質較佳的電解電容,除了提供較的穩定供電特性,可靠的壽命也可以做為小小調音的手段。在解決DC9V供電後,另一個DC5V電路選用在筆者的零件箱裡翻到的AMS117 5V穩壓模組(也可以使用L7805穩壓套件代替),然後將藍

色的AMS117 5V穩壓模組用雙面泡棉膠固定在LM317穩壓電路旁邊，如此一來AMS117可以就近向LM317電路分取電源（圖**H**）。

假組與電路測試

電源部分都搞定後，再來就將MP3解碼主控板和PAM8403功放板及喇叭連結起來通電測試（請在通電前多花些時間檢查電源部分和所有接線是否都正常無誤，再打開電源）。另一方面，將之前做好的臨時前面板和箱體試著假組（僅簡易組合固定，日後可以拆掉重組），檢視聲音或功能上是否有任何問題。在這個階段上，我們會花上至少好幾個小時進行功能上的測試微調和實際播放試聽，若沒有異常的問題或其它異音發生，才會開始正式黏合MDF箱體。在此次專題使用的PAM8403功放模組電路板很小，所以在內部空間不是很充足的音箱中較為容易選擇安裝位置，雖然規格上僅具備3W的輸出能力，但從測試到最後成品完成時各方面都能勝任（圖**I**）。

製作音響箱體

依照設計圖規劃好的位置上挖好對應的洞後，箱體則嘗試使用波音軟片木紋貼皮。波音軟片擁有許多種材質和木紋花色可以選擇。使用波音軟片進行音箱外部貼皮具有能快速施工及容易維護的優點；至於喇叭孔內緣，則是用黑色噴漆修飾。進行貼皮時先將波音軟片裁切成略大於要張貼的木板面積，再逐步撕掉背膠紙貼合，最後用大型美工刀慢慢地沿著每個邊角貼齊劃過收邊即可。建議可以先找一塊不要的邊料或木板做貼皮練習，抓到技巧後再開始拿密集板施工。將每塊MDF板都貼好波音軟片後，再用白膠或木工專用膠固定各塊木板組立好箱體，等待白膠凝固。箱體完成後，內側則貼上隔音棉，再於各個接合處用熱熔膠填補，不要有多餘的空隙（圖**J**）。

安裝喇叭和其他元件

這次喇叭選用的是ONKYO的2.5吋全音域單體（您當然也可以選擇自己喜歡的喇叭品牌、尺寸，甚至是多音路系統，但必須注意是否適合音箱的大小等等）。

在安裝喇叭單體時，須注意單體的振膜不要卡到木板。您可以先在木板上先量好喇叭尺寸，鑽好較小的孔後再鎖上螺絲會更有效率一些（圖**K**）。

至於電源相關元件的位置安排，是將LM317+ AMS117 5V穩壓模組安裝在底板中間位置，AC變壓器配置於底板右側，天線固定於底板的左側位置（圖**L**）。

PAM8403功率放大板則是放在上方頂板處用熱熔膠固定。從內部照可以看到所有零件的配置，通常要避免元件間相互卡到或干擾，檢查後如果沒有問題即可鎖上底蓋板（圖**M**）。在底部四周用螺絲鎖緊之外，再鎖上幾顆腳錐來隔離一些聲響震動（圖**N**）。

將音箱翻正，再轉到背後將電源線插到音箱背板上的電源插座（由於是使用市電110V的裝置，筆者偏好使用這種附保險絲的電源開關，至少提供一道簡單的保護）。最後打開電源開關，待電源指示燈亮起，一臺自製的音響就大功告成了（圖**O**）

這次專題使用的MP3解碼板可以支援多種輸入模式，如：SD卡、藍牙傳輸播放、FM廣播或AUX等功能，我嘗試了手邊的SD卡、USB隨身碟、平板及手機都可以正常的讀取及進行藍牙匹配，到目前為止看來相容性似乎還不錯。另外搭配的紅外線遙控器幾乎可以控制絕大部分的輸入模式切換、音量控制、廣播轉臺控制等按鍵操作，功能完整。

現在這臺桌上型音響除了時常拿來播放廣播之外，也會使用手機和平板透過藍牙連線來同步播放音樂，算是實用性很高的DIY實作專題（圖**P**），各位喜好音樂的Maker不妨也來嘗試一下吧！

將陸續整理作品分享於部落格almooncom.
wordpress.com/

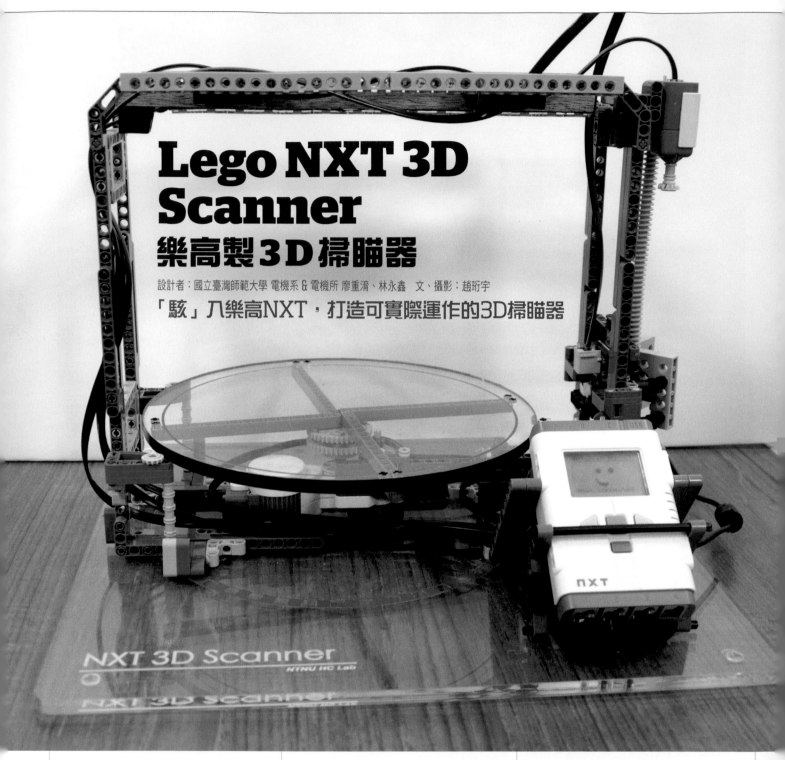

Lego NXT 3D Scanner
樂高製 3D 掃瞄器

設計者：國立臺灣師範大學 電機系 & 電機所 廖重淯、林永鑫　文、攝影：趙珩宇

「駭」入樂高NXT，打造可實際運作的3D掃瞄器

樂高 NXT 主機（ LEGO MINDSTORMS NXT ）自2006年開發至今已有一段時間了，在過去，許多玩家透過這款便於操作的NXT主機設計出許多令人驚豔的作品；但隨著科技的演進與開發，曾經輝煌一時的NXT也被功能較強與操作較具親和力的EV3所取代，許多主機與套件默默地被晾在一旁。在本專題中，將透過Maker們的巧思，讓塵封在倉庫裡的NXT主機也能搖身一變為酷炫的3D掃瞄器。讓我們重新拿出過去的好夥伴，打造一臺酷炫的3D掃瞄器吧。

衍生自好奇心的自造精神

來自國立臺灣師範大學電機所的廖重淯在去年初次接觸3D印表機與3D列印技術，在累積半年的操作經驗後，一個問題從他心中萌生——是否能自行打造出一個逆向工程用的3D掃瞄器呢？在尋找了身邊可用的材料後，他決定使用簡單的樂高NXT做為本專題的機構零件，並帶著學弟一同完成本次的專題。

本機器的運作原理如下：當XY平臺轉一圈時，Z軸馬達將同時上升0.1公分。在此圓柱座標系中，傳輸的值將是以測量以轉盤中心為原點，透過近距離紅外線感測器所測量的帶測物邊緣P點之間的距離；而

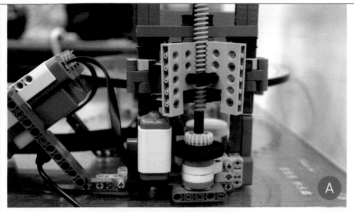

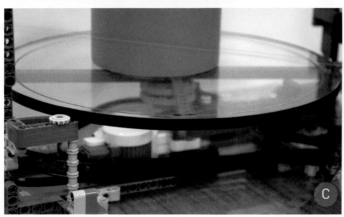

邊緣 P 點與在 XY 平面中心的 O 點所夾的角度，經計算後即為高度；取得距離與高度的數值後透過藍牙的方式回傳至電腦端進行分析與計算，即可得到掃瞄的圖像。

為了製作出一臺屬於自己的 3D 掃瞄器，兩人在這兩個月的時間內不斷地進行結構、程式的測試與修正，讓自己的好奇心化為自造的動力，完成這臺獨特的 NXT 3D 掃瞄器。

克服結構強度的挑戰

在製作機構的過程中，面臨的第一個挑戰是機構的剛性與馬達的扭力皆不足的問題。較理想的設計應採用半圓形的天球方式進行掃瞄，如此一來即能克服一般在 3D 掃瞄時頂部破洞的狀況。但由於製作材料為樂高積木，且 NXT 系列伺服機的扭力不足以帶動較複雜的機構，因此採取較基礎的龍門結構做為整體主結構設計的方向。為了讓本專題皆能使用樂高零件順利完成，抬升掃瞄器的螺桿使用了 11 個蝸桿齒輪彼此接起，以升到所需的高度（圖 A）；軌道則使用樂高材料光滑的特性製作導軌，讓掃瞄器能平穩地在 Z 軸方向進行移動。

為了使感測器運動範圍能不受零件狀況影響而產生偏差，在 Z 軸底端以及頂端皆設置了一個微動開關，以確認每次掃瞄時的最大高度範圍。在微動開關的設定上，由於 NXT 主機在微動開關感測撞擊後到停止間容易有 lag 的狀況，造成主結構受損，因此在上方的微動開關上另外墊上了一些零件，並將開關製作成快拆式，使運動中的感測器不會因此傷及主結構（圖 B）。當機器發生感測不良的狀況，造成上方微動開關遭碰撞掉落時，也能快速復原。

在 XY 平面則同樣使用 NXT 伺服機做為平臺旋轉的動力。NXT 伺服機旋轉一圈時可劃分為 1,800 格，因此在尋找定位點時應能提供極精細的畫面進行定位；但礙於其伺服機扭力較低，平臺與掃瞄物放上後其最大靜摩擦力難以克服，因此在本專題中即以維持等角速率的方式降低馬達轉動時的誤差。

平臺是使用壓克力裁切而成，壓克力邊緣則使用電氣膠帶纏繞，以降低感測器的誤判率（圖 C）。同時，為了使平臺保持穩固，四周亦使用樂高的齒輪零件做為導輪，降低平臺運作時產生的誤差。

動手改造樂高吧

LEGO MINDSTORMS NXT 的核心與 Arduino Duo 類似，因此在本專題的選用上即選用此一主機做為核心；不過樂高零件多半單價較高，自製的零件又難以符合樂高的標準。因此在本專題中

時間：
2個月
成本：
約3,000新臺幣（不含樂高）

趙珩宇
師大科技所研究生，主攻科技教育，喜愛參與自造者社群活動，希望將自造社群的美好以及活力帶給大家。

材料

» NXT 主機（1）
» NXT 伺服機（2）
» 高精度近距離紅外線感測器（1）
» NXT 碰撞感測器（2）
» LED 白色燈條（1）
» NXT LED 單色燈條驅動模組（1）：自製。
» 掃瞄 XY 平面壓克力甲板（1）：訂製。
» 3D 掃瞄器壓克力底座（1）：訂製。
» 微型萬向水平儀：1
» NXT 機構固定樂高零組件：一箱

E

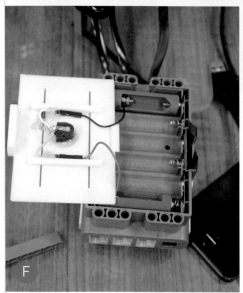

F

G

H

```
     #include <QTreeWidget>
     #include <QTreeWidgetItem>
     #include "QVTKWidget.h"
     #include "simpleworkerwidget.h"
     #include "workerwidget.h"

     namespace Ui {
     class DeviceItemWidget;
     }

     class DeviceItemWidget : public QWidget
     {
         Q_OBJECT

     public:
         explicit DeviceItemWidget(QWidget *parent = 0, QTreeWidget *tree = 0, QTreeWidgetItem *item = 0, const QString &label =
         ~DeviceItemWidget();

         void setLabelText(const QString &label);
         QVTKWidget *modelWidget;
         SimpleWorkerWidget *workerWidgetLite;
         QString bt_address;
         int should_remove_flag;

     public slots:
         void itemClicked(QTreeWidgetItem *item, int = 0);

     private:
         Ui::DeviceItemWidget *ui;
         QTreeWidgetItem *treeItem;

         QPalette normal_palette;
         QPalette highlighted_palette;


     };

     #endif // DEVICEITEMWIDGET_H
```

```
應用程式輸出
    NXT_3D_Scanner_Host        NXT_3D_Scanner_Host
restart
restart
/Volumes/UserData/home/cbsghost/Documents/Qt Projects/build-NXT_3D_Scanner_Host-Desktop_Qt_5_5_1_clang_64bit-Debug/NXT_3D_Scanner_H
NXT_3D_Scanner_Host exited with code 0
```

針對了不少地方進行改造,既能降低自製3D掃瞄器的成本,又符合需求。

樂高NXT主機上所使用的排線為6pin且非置中的接頭(圖**D**),類似的接頭在市面上單價多半較高且類型較少。為了提供掃瞄器穩定的光源,本專題中在龍門正上方另外加裝了提供光源的LED排燈,但此排燈並不是樂高的標準零件,所以只能另外重新配線;不過6pin非置中的排線價格較高,因此本專題使用家用電話線所用的4pin排線來代替,配對其接腳後連接NXT主機與排燈(圖**E**)。另外,在主機上一般使用的是NXT內置的充電電池,但此電池在放電一段時間後其電流即會下降,透過充電器充電的電流則不足以應付本專題的需求;因此在這裡也另外製作了一個3D列印的電池盒,並將電線連接至同樣使用3D列印的電池上(圖**F**),放入電池盒中,透過外部變壓器提供穩定的電流(圖**G**)。

實際操作掃瞄器

因為NXT中已經內建藍牙系統,所以本專題便直接使用內建的藍牙與電腦連接。不過,單純使用LEGO的編程軟體是無法完成此專題的,因此大家就順理成章地「駭」進LEGO MINDSTORMS NXT了(圖**H**)。在這裡將NXT的核心改為nxtOSEK,並安裝leJOS NXJ以進行C語言的編輯。相關的程式碼皆已公布在Github上,有興趣的Maker可自行下載,並將檔案上的韌體燒錄至NXT來使用,對應電腦的軟體則可以使用Linux或是Mac進行操作。

當NXT燒錄成此一韌體後,長按開機鍵即會出現一個微笑的開機畫面(圖**I**),然後透過

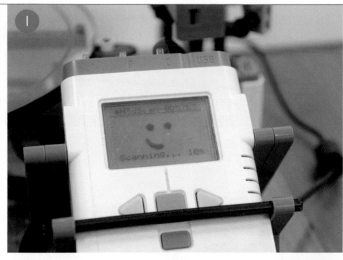

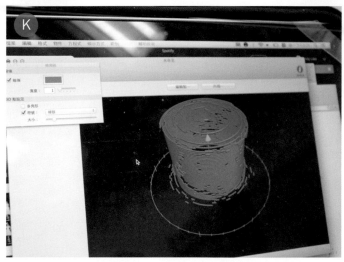

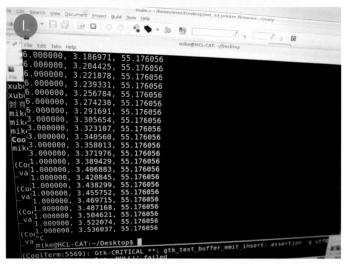

藍牙與電腦端進行連接。等待連結後即可選擇掃瞄。接著，要進行一次高度確認，此時Z軸的感測器將會快速的由下至上移動，以確認物件高度，隨後平臺就會旋轉物件進行掃瞄（圖 J ）。

初步讀取到電腦中的數值會顯示感測器所讀到待測物的距離、角度與高度三者的極座標，透過藍牙傳輸的方式傳至電腦（圖 K ）；掃完待測物後，即可將數值複製來進行物體模擬。

在這邊數值是透過Mac內建的Grapher進行模擬，當然也可透過matlab等數值分析軟體進行模擬。在Grapher中選擇3D檢視，將數值丟入後就會跑出自製NXT掃瞄器掃出的圖案囉（圖 L ）！

更進一步：修正與改良

雖然本專題旨在以NXT製作3D掃瞄器，但在相關模組與配件上選用的都還是較舊的材料，因此還有一些問題需要進行修正與改進。

機構不穩、晃動：NXT 零件為塑膠製，零件較軟且組裝後強度較差，因此在製作時雖採用了結構較穩固的龍門結構，但在其中還是加了許多輔助支架，以降低抖動現象。不過就理想的3D掃瞄結構而言，半球型的結構較為合適；但礙於樂高零件強度較低，後續如果要針對3D掃瞄器進行大幅度的效能提升，或許應該尋找新的樂高材料，來完成更好的作品。

馬達不精準：NXT的馬達在運作上較不精確，因此目前以維持等角速率來降低馬達轉動時的誤差。

藍牙通訊：NXT採用藍牙2.0，在傳輸時可能發生封包佚失的情形，所以目前以NXT回傳錯誤碼來校正重新傳輸。

紅外線精準度：紅外線掃瞄時會因待測物材質與顏色的不同導致掃瞄結果不如預期，後續將找尋其他的掃瞄器來更換。

雖然目前這個樂高製掃瞄器所提供的結果並不如市面上的3D掃瞄器，無法直接輸出可直接利用的STL 3D圖檔，在運作上也還有許多需要修正之處；但再進一步發展的話，相信能打造出功能更完備、更有效率的版本。大家不妨將許久不見的NXT拿出來，一同挑戰做出一臺專屬自己的酷炫3D掃瞄器吧。❂

相關程式碼請由github.com/cb-sghost/N3dScan下載，Demo影片請至www.youtube.com/watch?v=g6dGGE-Eptw&feature=youtu.be瀏覽。

Chukudu Wooden Scooter
木製摩托車好拉風 自己做一輛剛果勇馬，拉幾百磅貨物也沒問題

文：道格・布萊貝瑞
譯：謝明珊

時間：
一週
成本：
100～150美元

道格・布萊貝瑞
Doug Bradbury

芝加哥8th Light公司軟體服務主管，興趣是伸張社會正義，經常拜訪非洲，進而遇見木製摩托車設計師艾米・恩斯米伊馬納（Amié Nshimiyimana，照片裡拿著《MAKE》英文版Vol.40），在盧安達的基奇巴（Kiziba）難民營合影留念。

材料

» 木塊：2×10，長度10'（1）；2×4，長度4'（2）
» 硬木暗榫，直徑2"，長度48"
» 鋼輪，10"×2.75"，輪圈直徑 ⅝"（2）
» 螺桿，⅝"，長度8"（2）
» 尼龍墊圈，⅝"（4）
» 釘子，2"
» 長釘，寬度½"，長度1"
» 可調式橡膠拖車繩，36"（4）
» 廢棄腳踏車內胎
» 廢棄腳踏車輪胎
» 木膠

工具

» 線鋸
» 手鋸
» 鐵鎚
» 鑿子，1"
» 孔鋸，2"
» 鑽頭
» 弓鋸或軍刀鋸，附金屬刀片
» 扳手
» 修邊機（非必要）¾"，直刀或圓角刀
» 砂紙
» 夾子或重鎚

Ryan Goebel

20年來兩場內戰和長期暴力衝突，讓剛果民主共和國大多數人民擔心受怕。1994年起估計有300萬人死亡。

基奇巴難民營位於盧安達西部，距離剛果只有60公里，內有18,000剛果人祈求和平，期待有一天重返家園。聯合國每個月都會配給食物和木材，運送物資的工作通常落到小伙子身上，他們的配備就是手工木製摩托車。

木製摩托車堪稱剛果的發財車，可拖行重達500磅的貨物，上山下山都難不倒它。基奇巴難民營的摩托車師傅，只要有大刀在手，尤加利木就能變身摩托車。

我拜訪難民營後，想跟剛果難民的聰明才智致敬，於是自己用常見的五金用品，打造一輛木製摩托車。

關於摩托車設計師

艾米・恩斯米伊馬納在基奇巴難民營長大，他

在那裡學習自動機械和製圖。現年24歲的他，每天徒步來回城鎮4小時，只為了修車賺點小錢。他很想上大學，我問他木製摩托車時，他熱心繪製設計圖，跟我解釋製作過程。這項專題就是修改自他的設計（圖Ⓐ）。

為協助艾米等人完成學業，可上give.itearms.us/give支持International Teams，指名捐款給「改變盧安達─基奇巴難民教育」。

1. 準備底盤

2×10木塊一分為二，長度各為5'，以直徑10"輪子做為樣本，再用線鋸磨圓，接著標記輪子的中心點，在標記處挖空2"的小洞（圖Ⓑ）。

在底盤尾端的中央，鑿出8"×3"的刻痕。行有餘力的話，也在距離尾端2"的地方，以修邊機洗出深度¼"、寬度¾"的凹槽，有助於固定後軸（沒有修邊機，用打釘的也可以）。

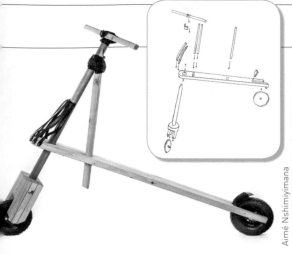

B Aimé Nshimiyimana

C Andy Waters and Doug Bradbury

D

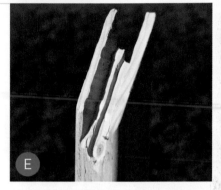

E

F

G

H

I

J

2. 打造前叉

裁切三塊長度12"的2×10木條，其中兩塊頂部削成45度斜角，包夾於兩側。三塊木頭皆鑿出6"×3"的凹槽（圖 C），置中木頭尾端再鑿出寬度³/₄"、深度¹/₂"的縱向凹槽，以便放置輪軸。

至於直徑2"暗榫，有一端裁成四方形：從距離尾端3¹/₂"處，劃出四道¹/₈"的橫紋，再以鑿子剔除。

在中間那塊2×10木頭另一端，切出寬度1³/₄"、深度3¹/₂"的凹槽，剛好卡住正方形的方向軸。

方向軸的另一端，兩側也要鑿平（圖 D），以便套上手把，方向軸兩側的平面務必對齊。

三塊2×10木頭黏合，並以夾具固定，方向軸剛好卡在中間。

3. 製作支撐軸

在底盤方向軸插槽後方9"處，鑿出傾斜20度3¹/₂"×1⁷/₈"的小洞，剛好插入長度4'的2×4木條，在距離頂部6"～8"處跟方向軸交會，絕對要緊密貼合，否則要調整洞口的距離。

雕塑支撐軸：2×4木塊頂端削成70度斜角，以修邊機或鑿子修整表面（圖 E）。

把支撐軸插入底盤，可穿過底盤或切掉多餘部分。

4. 雕出手把

在長度30"的2×4木條，從左右兩側內推12"做記號，從上下兩側內推1"做記號，以線鋸或手鋸切除四角多餘的部分，形成長度6"的輪轂以及左右手把。

找到輪轂的中心點，置於方向軸之上做記號，再以鑽子和線鋸挖洞（記得沿著線內！）（圖 F），洞口務必緊緊包覆方向軸。

以砂紙或圓角修邊機磨圓手把的銳角，現在還不要急著安裝！

5. 製作煞車

這煞車有著基奇巴的風格，從腳踏車輪胎切下7"，釘在廢木頭的內側（圖 G）。

另一側釘在後輪底板的凹槽。腳踏車輪胎有彎度，煞車就會立在後輪前。駕駛人往後幾步，就能夠把煞車往後推，減慢木製摩托車的速度。

6. 安裝輪子

裁切兩根長度8"、直徑⁵/₈"的螺桿做為輪軸。前後輪安裝在軸心，以兩個尼龍螺帽固定，千萬別拴得太緊。

把兩軸固定於底盤，前叉包覆前軸，以兩根長釘或2"釘子固定。兩軸尾端皆要用釘子固定，以免偏離軸心。

7. 安裝避震器和手把

在剛果，廢輪胎塑膠唾手可得。我們會用四條橡膠拖車繩。

移除鉤子，把四條拖車繩釘在前底盤側邊，每條拖車繩再往上拉釘在方向軸上（圖 I），讓底盤掛在前叉上方6"～8"，木製摩托車上工時才不會碰地。

以回收輪胎裹住方向軸和支撐軸。從支撐軸兩側釘好輪胎，接著安裝手把（圖 J），若以二手內胎套住或加上墊片，接合處會套得更緊。

騎摩托車囉！

不妨為自己量身訂做底盤，以拖行各種不同的貨物，或者加裝靠膝。拿不要的夾腳拖做成椅墊，膝蓋就可以靠在上面。

木製摩托車礙於體積和大小，有點難以駕馭，所以要記得帶安全帽，並事先擬好跳車計劃。 ⊘

更多照片和製作祕訣，可以到makezine.com/projects/chukudu-wooden-scooter/

Million Color HSL
文：丹・拉斯穆森　譯：孟令函
Flashlight

五光十色的 HSL 手電筒

利用Arduino和全彩 NeoPixel LED燈，手電筒也可以超好玩

丹·拉斯穆森
Dan Rasmussen

對復古的科技產品充滿熱情的收藏家、維修專家、改造者。他是個軟體工程師，跟老婆還有三個小孩住在美國麻州的格羅頓。

時間：
4～6小時
成本：
40～60美元

材料

» 大的 6 伏特提燈手電筒（用來改造，新舊皆可）
» Arduino Pro Mini 328 微控制板 5V：16MHz。Maker Shed 網站商品編號 MKSF8（makershed.com）或是 Adafruit 網站商品編號 2378（adafruit.com）
» 直角插入式接頭：需要 6 個接頭，可從 Adafruit #1540 上切下來使用，或使用其他類似款。
» NeoPixel RGB LED 環：Adafruit 網站商品編號 #1643
» 可變電阻：10kΩ，3 個
» 布線用電線：線徑 22 的單芯線，Maker Shed 網站商品編號 #MKEE3 或 Adafruit #1311，這個專題愈多顏色愈好。
» 電池：鎳氫充電式 AA 電池（4），以及充電器（請勿使用鹼性電池）。
» 電池座：4×AA
» 電阻：300Ω，¼W
» 電容：1,000μF，6.3V，或者更高
» 10 段式旋轉開關：SparkFun 網站商品編號 #13253
» SparkFun 旋轉式開關轉接板（非必要）：SparkFun 網站商品編號 #13098
» 可變電阻旋鈕（4），Adafruit 網站商品編號 #204
» 各種口徑的熱縮套管
» Tic Tacs 糖果盒
» 焊錫

工具

» 溫控烙鐵：Maker Shed 網站商品編號 #MKME01，調至 700°F
» 剝線鉗：Adafruit #527，或是有趣一點的選擇 Maker Shed #MKLTM2-ES4
» FTDI Serial TTL-232 USB 轉接線：Adafruit #70
» 牙刮器（非必要）：在布線的時候很好用
» 熱熔膠槍
» 有 Arduino IDE 軟體的電腦：可在 arduino.cc/downloads 上免費下載
» 專題的程式碼：下載 HSL 手電筒的 Arduino 腳本程式碼，在專題的頁面 makezine.com/go/millioncolor-hsl-flashlight 就有
» 筆刀
» 膠帶
» 熱風槍或瓦斯式打火機：用於熱縮套管
» 電鑽與鑽頭
» 電子電壓器或電子萬用表
» Sharpie 麥克筆

在我還是小孩子的時候，沒有智慧型手機、家用電腦、網路，也沒有 Arduino。

我們的確有電視跟收音機這些娛樂；但是除此之外，手電筒也可以是超好玩的東西。手電筒通常會附上一些有顏色的鏡片，我們也會自己用紙或塑膠製作。

近來手電筒大部分都是實用用途的，所以通常只有白光；即便是一些比較高級的手電筒，也是如此，只是多了超級亮的功能，或是非常堅固耐用，足以在有颶風的天氣裡帶去視察堤防。高亮度、堅固耐用都是很棒的特點，但是，一般只有一個按鍵的那種小小的、實用的白光手電筒就不太有趣了，所以，讓我們一起把手電筒變有趣吧。

HSL 手電筒

在這項專題中，會把一個老式的6伏特提燈，改造成有千萬種顏色的HSL手電筒。這個改造後的手電筒又大又重又特別，不像一般的手電筒那麼亮，但是它有各式各樣的顏色，而且設定十分簡單。有各種旋鈕跟模式，你也可以自己替它寫程式。

HSL很棒的一點就是，它是一種直覺式的色彩選擇方法；HSL分別代表的是hue（顏色）、saturation（飽和度）、lightness（亮度）。它就像大部分電腦裡有的那種，360度色彩選擇程式。我們所製作的HSL手電筒上，每個色彩元素都有自己屬於的旋鈕：顏色旋鈕讓你可以選擇顏色，做出屬於自己的彩虹；飽和度旋鈕可以決定顏色要多深多淺（完全不飽和色就是白色，而全飽和就是純色）；而亮度旋鈕的功能就像

調光器一樣。手電筒上還有一個10種模式的選擇器，相當好玩。以下的步驟是教大家怎麼做出我寫的模式，可以上 http://makezine.com/projects/million-color-hsl-flashlight/ 網頁，觀賞專題的示範影片，當然，你也可以試著寫屬於自己的發光模式！

1. 白色
2. HSL 手動設定
3. 顏色自動：順著色譜旋轉（顏色旋鈕控制其速度）
4. 多色：全映像點自動旋轉
5. 多色；三映像點自動旋轉
6. Larson Scanner 霹靂燈
7. 全彩閃燈
8. 多色：在 180° 色譜範圍下兩映像點交替
9. 多色 180° 色譜範圍下兩映像點交替（半月型）
10. 多色：在 180° 色譜範圍下，映像點兩兩交替

硬體

Arduino很適合用來當做製作原型的平臺，但是，當你做好製作前的準備計劃後，一般的Arduino體積有點大，而且它上面的跳線比較脆弱，所以我使用Arduino Pro Mini。Arduino Pro Mini不貴，體積非常小，而且也很耐用。

我選擇使用Adafruit NeoPixel RGB LED，因為他們的12件環組很適合用在大部分款式的6V提燈的反光碗裡，而且購買時有附上操作容易的Arduino 函式庫。

A

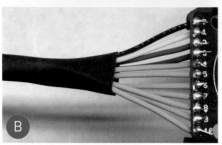

B

C

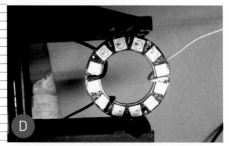

D

E

F

舊的「6伏特提燈」手電筒用在這個專題真是再適合不過，因為它的反光碗跟電池模組都很大。這種老式提燈在一些跳蚤市場或eBay都很容易買到，當然，你也可以買新的。

1. 把接頭焊上 ARDUINO

先試焊6接腳接頭的其中一個接腳，接著確定是否平整，如果不平整，重新加熱並調整。確認沒問題了以後，開始焊接其他接腳，記得回頭去檢查試焊的接腳，有需要的話就多加一點焊料。

2. 編程 ARDUINO

從 makezine.com/go/million-color-hsl-flashlight 下載 Arduino 腳本程式碼，用 FTDI 轉接線或其他適用的裝置來連接 Arduino Pro Mini 跟電腦。接著打開 Arduino IDE 軟體，從 Tools 工具選單下的 Boards 來選擇正確的電路板。接著打開你下載的 Arduino 腳本程式碼，確認、轉檔並上傳到 Arduino 上。

這個小小的電路板上有一個 LED 連接在接腳 13 上，HSL 的程式讓它會在開啟時閃5次，這可以讓你確認整個程式有完整上傳（注意，上傳的過程也會使 LED 閃個幾次）。接著解除 Arduino 的連結，把它先放到一邊。

3. 接上 10 段式旋轉開關

材料當中有一項非必要的轉接板，它可以讓連接、設定旋轉開關的11條電線的過程更簡單。先試焊其中一個接腳，確認平整後，就可以繼續焊接其他接點（圖Ⓐ）。剪下11條8"長，線徑22的電線。使用不同顏色的電線，或者使用亮色的麥克筆在電線上寫下接腳的號碼。從每條電線的尾端剝下約 1/8" 的電線絕緣外皮。

我一般都用黑色的電線做一般／接地線，而紅色的電線則是 RAW 電源。我把黑色的電線接到一般模式的接腳，前面幾個模式我有用不同顏色的電線做區分（圖Ⓑ），接下來就全用灰色電線，並在灰色

電線的另一端用點做標記（4個點就是第4段，5點就是第5段，以此類推）。

可以用熱縮套管稍微整理一下這一大堆電線，我用熱縮套管包住了大約60%的電線。

如果你沒有使用轉接板，請直接把電線焊到10段旋轉開關上。

4. 連接可變電阻

剪下三條8"長的電線做為接地線（黑色），再剪三條做為電源（我用橘色的線），最後再剪三條做為類比輸入（藍色）。如圖所示，將每套三色一組的電線各自連上可變電阻（圖Ⓒ）。先將電線繞過可變電阻座的支柱，然後將它焊上；並將可變電阻標上1、2、3，然後將類比輸入的電線的另一端各自標上1、2、3個點。

5. 準備 NEOPIXEL 環狀燈

剪下約 12" 長的黑色、紅色、白色電線，並將其各自焊上 NeoPixel 環狀燈上平面的電源、接地、信號各點，並將電線布置成如圖上所示的樣子（圖Ⓓ）。

> **注意：** 有些手電筒（尤其是老式的手電筒）是使用金屬的反光碗，所以使接觸點隔絕開來就格外重要，我個人是簡單用一小坨一小坨的熱熔膠包覆接觸點。

使用熱熔槍，把 NeoPixel 黏上手電筒的反光碗，並將電線穿過舊燈泡的孔。接著，將 300Ω 的電阻焊上信號連結電線（白色），留下大約 1/8" 的電線長度，其餘的電線部分套熱縮套管做絕緣。

> **重要：** 在將 NEOPIXEL 光條連接上電源之前，將其連接上高容量電容（1,000MF、6.3V，或是更高），使電流通過正極端和負極端。這樣可以防止初始的通過電流毀損 PIX-ELS。

6. 連接 Arduino

將 12" 的紅色電線焊上 Arduino 的 RAW 電源輸入接腳；再將 12" 的黑色電線焊上相鄰 GND 接腳；12" 的橘色電線焊接

G

Dan Rasmussen

上穩定電源接腳。將3條藍色的電線，從可變電阻焊接上Arduino的類比輸入A1、A2、A3（圖 **E** ，圖中小紅方框內的三個點），與你所標示出的點做匹配，A1是顏色、A2是亮度、A3則是飽和度。

重要： 在做 HSL 編碼時，我們不會使用接腳A0，所以要確認有連接到正確的3個接腳。

將10信號電線從10段式開關焊接到Arduino 2到11的電子輸入點，將開關第2段與Arduino的2號接腳匹配，第3段配上3號接腳，以此類推；而第1段則是與11號接腳配對。最後將NeoPixel信號線上的300Ω電阻焊接上12號電子輸入點（圖 **F** ）。

7. 處理電源、接地、VCC 線

如圖所示，將Arduino、NeoPixel、電池組的3條紅色的電源線綁在一起，接著將它們焊在一起，套上熱縮套管（圖 **G** ）。接著將所有的VCC線（橘色）依上述方法整理在一起，然後整理所有的黑色接地線。

8. 整合手電筒的電源開關

找到手電筒連接到開關兩端的電線，剪下，並從其中一端剝線1/2"的長度。

重要： 在此一階段，記得要將開關轉到OFF。

從電池組剪下紅色的電線，並從兩端各剝線1/2"的長度。並將剝線後的兩端各自焊接上手電筒的開關，為了使用上更有彈性，可以多接上一些紅色電線（圖 **H** ）。

9. 將 Arduino 裝進糖果盒

清空Tic Tac的糖果盒，取下上面的小蓋子，並將其裁切下一部分，使其符合整組電線的大小。將Arduino放進盒子裡，並用強力膠帶將其封起來（圖 **I** ），這樣就能將Arduino與手電筒內部的金屬隔絕開來。

10. 測試

我相信各位現在一定很急著想試試看有沒有製作成功吧！首先，將3個調整旋鈕支柱集中在一起（記得確認亮度旋鈕不

是關到最小的），裝上4顆充飽電的鎳氫電池，並打開手電筒的開關，使整個電子模組通電。注意Arduino的LED有沒有閃燈5次，閃燈後不久，不管10段式旋轉開關目前轉到哪一段，你應該都會看到NeoPixel環狀燈有一些動靜，如果沒有任何動靜，可能是哪裡出現短路了。馬上關閉電源，找出短路的地方在哪裡；以我來說，是因為NeoPixel環狀燈碰到了手電筒的金屬反光碗而造成短路。

11. 組裝手電筒裡的電子零件

在手電筒的外殼上鑽三個孔，用來安放旋鈕的支柱，再鑽一個孔，用來安放旋轉開關，將它們都放上去以後，裝置旋鈕。我把三個HSL控制旋鈕放在其中一側，10段式旋轉開關放在另一側（圖 **J** ）。

小技巧： 如果你的手電筒是金屬外殼，先使用中心沖頭（圖 **K** ），避免你的電鑽亂跑。如果是塑膠外殼，你也一樣可以用烙鐵頭做固定。

再來就可以在手電筒裡裝上Arduino、電池和電線了。因為熱縮套管的關係，電線不太容易彎曲，不過空間很充足，不用擔心，慢慢來就可以了（套上熱縮套管總比一團電線纏繞在一起好）

恭喜！

你已經成功製作出可編程的多色彩HSL手電筒了，這項作品可以帶給你（甚至是你的孩子）多年的樂趣。我們很希望可以看看各位的製作過程，也很好奇各位是否創作出其它的閃燈模式。●

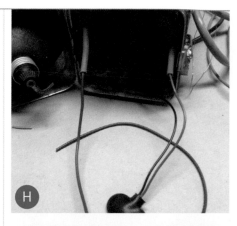

更多照片、技巧、影片、追蹤此專題、分享你的作品，請上：makezine.com/go/million-color-hsl-flashlight

3D-Print a Badass R/C Race Car

文：泰勒·亞歷山大　譯：謝明珊

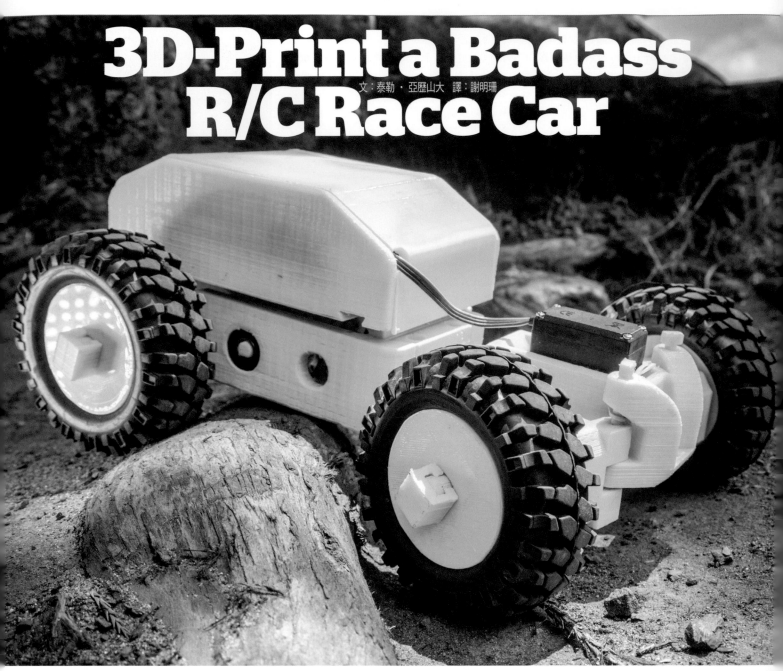

3D列印超殺賽車
利用無刷馬達、Flutter無線微處理器和3D列印線材打造迷你賽車

泰勒·亞歷山大
Taylor Alexander

從小到大就愛修東補西，11歲就對機器人感興趣，目前經營Flutter Wireless 電子公司，主打業餘玩家的電子設備和機器人，官網 flutterwireless.com。

　　3D印表機的意義，比多數人想得還重要。人類史上首次能夠以趨於零的邊際成本，來生產高品質的複雜零件。3D列印車便是一例，只需要10美元塑膠材料，印表機24小時持續運轉，以及1美元電費。如果把特製線材換成塑膠球，塑膠材料成本還會降為1美元。

　　CNC雕刻機有很多自動功能，可製作相當優質的零件，但依然勞心勞力。相形之下，利用3D印表機製作複雜零件毫不費力。這是一項新科技，其對工業產品的貢獻，可能不亞於印刷術之於書本，可大幅減少所需的人力，進而降低生活成本。搞不好還能列印機器人，幫我們完成社會上的苦力！

　　我想鼓勵大家利用3D印表機打造機器人，所以列印這輛車（取名為偵查號）拋磚引玉，讓大家明白我所夢想的3D列印機器人。首先，這輛

車很耐操，連續飛越和撞擊仍毫髮無傷。就算有任何損傷，也能在幾分鐘內修好，因為這是一體成型。設計圖也是開放原始碼，長期集思廣益會更成熟、更多變化。非3D列印零件少之又少，僅輪胎、軸承、馬達、電池和電子零件，甚至連螺絲釘都不用。

車上無線電廣播和遙控器，都是出自我的設計，稱為Flutter控制板，可執行Arduino程式碼，收發範圍1公里。既然這會執行Arduino，就可以調整燈光、感測器、喇叭等。我希望以此為基礎研發機器人的馬達控制和電池管理系統，所以這套開放程式碼系統幾乎也可以適用於所有的機器人。

偵查號容易組裝，只要花你幾分鐘，但零件列印仍是大工程，目前需要超過24小時列印時間，但只要換成大噴嘴3D列印頭，例如E3D Volcano或1.0mm Printbot噴嘴，應該花不到4小時。

1. 列印零件

偵查號的零件大多可在150mm×150mm平臺列印完成，但分成兩部分的電子設備保護殼長達156mm，我建議在加熱板上利用PLA塑膠材料列印。

從 github.com/tlalexander/flutter-scout 下載零件圖檔並開始列印，附有詳細操作說明。大部分的零件填充率只要達到20～30%即可，但傳動裝置、傳動軸和轉向銷就要有100%填充率。不妨先列印車首的零件，電子零件保護殼可能要有「邊緣」加固。

2. 測試電子零件

把連接器焊到電子穩定控制系統（ESC）上，以熱縮套管套住所有線路（圖Ⓐ）。鋰電池的電力充足，但短路也是很危險的。

按照Flutter套件的指示，把伺服機和速度控制器安裝好，接著啟動電源，確保一切運作順暢。

3. 組裝前半部

前半部包括前輪和中央車架。先組裝軸承和傳動軸，套上傳動軸蓋（圖Ⓑ），每個輪架有兩個輪轂墊圈和一個輪胎，再以軸箍固定（圖Ⓒ）。

接下來，伺服機（先把擺臂拿掉）放入車架的小洞，先前傾45度然後回正，讓伺服機前側卡住洞口。

轉向銷穿過伺服機突緣上方骨架的小洞，以便

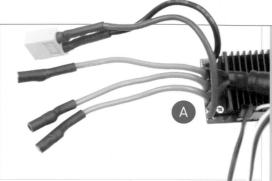

固定伺服機，接著整個翻面（圖Ⓓ）。

把六葉螺旋槳裝在伺服機上，傳動齒條壓在底下（圖Ⓔ）。如果你的伺服機未附六葉螺旋槳，Github資料庫有列印樣板。

4. 安裝輪子

首先，把橡皮筋捆在頂部的控制塔（圖Ⓕ），以長銷和短銷安裝前輪。

把橡皮筋前端繞到後面（圖Ⓖ），橡皮筋並不重要，但可以固定傳動長銷。

啟動伺服機，伺服機要置中。如果啟動時伺服機不在中央，只要把擺臂拿掉，重新調整位置即可。

Taylor Alexander

時間：
1～2個週末
成本：
100～200美元

材料

- » Flutter 偵查號 V2 3D 列印零件從 github.com/tlalexander/Flutter-Scout 下載檔案
- » R/C 收發器：全新 Flutter 載具套件（flutter-wireless.com）收發範圍是標準的兩倍，內含 Flutter 基本板、開發板和雙搖桿遙控板，而且附有鋰電池。你也可以採用標準的 R/C 收發器。
- » 細橡皮筋
- » 軸承，附蓋，12mm（6）：型號 6001Z
- » 軸承，8mm（2）：型號 608
- » 伺服機，金屬傳動裝置：型號 MG995
- » 無刷馬達，1,000kV：型號 D2830-11
- » 旋槳適配器，3mm
- » 電子穩定控制系統（ESC），30A，可反向。我推薦 HobbyKing #HK-30A。
- » 子彈型卡榫接頭，3.5mm（3）或馬達延長線，連接 ESC 和馬達用。
- » ESC 電池接頭
- » 熱縮套管
- » 電池組，鋰電子聚合物電池，2S，2,200mAh（一個以上）：大約 104×34×17mm，我推薦 HobbyKing Zippy Flightmax #Z22002S20C。
- » 輪胎，發泡塑膠，1:10（4）：型號 7006，直徑 95mm，寬度 36mm。
- » 鋰電池充電器／平衡器，例如 Turnigy E3。

工具

- » 3D 印表機（非必要）：列印平臺至少要有 156mm。如果沒有 3D 印表機，請上 makezine.com/where-to-get-digital-fabrication-tool-access 網站選購機器或列印服務，不然也可以到 Maker Shed 購買優質 3D 印表機，makershed.com/collections/3d-printing-fabrication。
- » 烙鐵
- » 十字螺絲起子，用來鎖伺服機螺絲
- » 尖嘴鉗

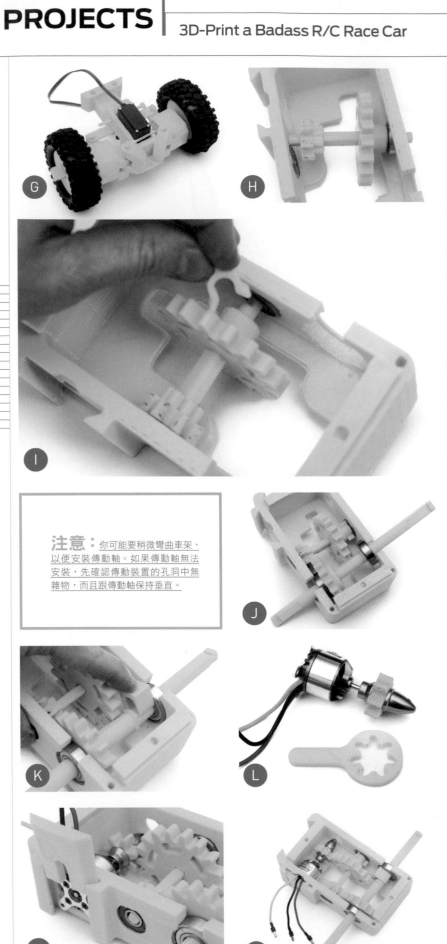

注意：你可能要稍微彎曲車架，以便安裝傳動軸。如果傳動軸無法安裝，先確認傳動裝置的孔洞中無雜物，而且跟傳動軸保持垂直。

5. 組裝後部

車尾有馬達和傳動軸，先拿到中小傳動軸的零件。

安裝傳動軸兩端的裝置，大零件套在長邊，608軸承套在大傳動裝置，另一個608軸承置於車架（圖H）。從特定角度把軸承插入洞口，接著把傳動軸擺正，讓短邊插入另一側。

以8mm軸箍固定傳動軸，軸箍內側要跟傳動軸中央的小凹槽對齊（圖I）。

現在可以組裝後面的傳動軸，並且安裝到車架上。在大傳動軸安裝傳動裝置，剛好契合長方形的區域，在傳動軸兩側套入12mm軸承，接著把傳動軸放入車架，搭配中間的小型傳動裝置（圖J），軸承藏在隱密處。

12mm軸箍卡在後傳動軸（圖K）。

6. 組裝馬達

現在組裝馬達、小傳動裝置和四軸旋槳適配器（圖L）。適配器只轉一個方向，但車用馬達需要雙向旋轉，況且如果鎖得不夠緊，傳動裝置可能會鬆掉。我建議利用簡易3D列印扳手來托住傳動裝置，方便用鉗子鎖緊適配器。這樣應該會很緊，但鎖得太緊也會破壞鋁製適配器。

現在把馬達放入後車架的空缺，電線朝上，以楔形鎖條固定好（圖M）。

如今應該有大型伺服機的樣子了（圖N）。

7. 車體最終安裝

前組件卡住後車架的鳩尾榫，電子設備保護殼在上，馬達電線塞在側孔（圖O）。

把電子設備保護殼置中，插入兩根短銷。

8. 安裝電子設備

如果找到我所建議的零件，空間配置就會很完美，從ESC拿掉電源開關，穿過電源洞再插回ESC。

接下來，把馬達線插到ESC，有三條電線，怎麼插都行，如果發現馬達反轉，只要調換兩條電線就會恢復正常。

把伺服機電線和ESC連接無線電，接著放入電池，電線整齊收納（圖P）。

9. 打造遙控器（非必要）

如果你採用Flutter電路板，前往makezine.com/2015/03/12/3d-print-this-kickass-snap-together-rc-race-car/專題頁面，有列

印和組裝遙控器的說明（圖**Q**）（不然也可以使用標準無線收發器）。

10. 蓋合、發車！

闔上蓋子就可以上路了！不妨走出戶外測試偵查號的極限。偵查號速度很快，也很喜歡飛躍，就算有什麼東西壞掉，隨時都可以重新列印！

我希望大家把自己偵查號的照片，上傳至推特 @FlutterWireless 。如果想跟其他人討論偵查號組裝和新點子，請上網站 community.flutterwireless.com。◐

更多詳細照片和DIY分享照片，參見 makezine.com/2015/03/12/3d-print-this-kickass-snap-together-rc-race-car/

O

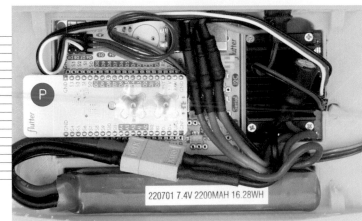

P

220701 7.4V 2200MAH 16.28WH

Q

Semi-Automatic Coffee Roaster

時間：**一個週末**　成本：**100~150美元**　文：賴瑞・卡特　譯：謝明珊

賴瑞・卡特 Larry Cotton
半退休的動力工具設計師以及兼職的數學教師。熱愛音樂、電腦、電子產品、家具設計、鳥類還有他的妻子（此排序無關重要性）

1. 咖啡豆槽
2. Sephra巧克力噴泉螺桿
3. 烘焙桶
4. 烘焙桶速度計
5. 倒豆開關
6. Coleman瓦斯爐
7. 壓克力齒輪
8. Black and Decker AS6NG 無線螺絲起子（3）
9. Parallax Home Work 控制板
10. 冷卻箱（含篩網）

半自動咖啡烘焙機
三支無線螺絲起子＋微處理器＝完美的少量烘焙機

還記得我第一次做咖啡烘焙機，登上《MAKE》英文版Vol.8。當時迷上現烘的爪哇咖啡，我把那臺機器稱為涅槃機（makezine.com/go/nirvana- machine），有兩點大勝其他機器：一來是烘焙時看得到豆子，二來是機器可以帶著走。

然而，那臺機器仍迫切需要改良，每批咖啡豆之間需要大量人力干預：關火暫停烘焙，倒入豆子，放入新的豆子，再度設定瓦斯爐溫度。

於是我重新設定目標：打造出容易操作、設定即忘、持續自動運轉的咖啡烘焙機，我還真的試了，而且嘗試好幾次、無數次，但總是有不完美的地方，有些還是嚴重缺陷，但這臺半自動烘焙機，實在是沒話說。

烘焙完成時，烘焙桶的輪軸（自旋軸）大約呈45度，其他角度顯然是水平和垂直，水平時倒出咖啡豆，垂直時放入新咖啡豆（重新調整巧克力噴泉螺桿），一支螺絲起子旋轉烘焙桶，另一支在倒豆和放豆之間擺盪（蝸輪傳動裝置驅動齒狀塑膠傳動裝置），第三支是驅動螺桿。

儘管如此，烘焙時仍要小心謹慎，但其他步驟（倒豆和放豆）就是全自動：只要按下按鍵，開始烘焙咖啡豆後，微處理器就會包辦一切。我手邊剛好有Parallax Home Work 控制板，但Arduino控制板也很好用，祝你好運！◎

完整的咖啡機DIY步驟，以及咖啡機的運轉原理，請見makezine.com/go/semi-auto-coffee-roaster

Larry Cotton

123 超逼真的紙膠帶玫瑰

文、圖:傑森・波爾・史密斯
譯:謝明珊

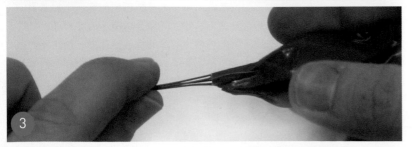

親手做幾可亂真的玫瑰,帶給情人驚喜。令人意想不到的材料:紙膠帶!

1. 製作花瓣

剪下1'的鐵絲和4"的紅色紙膠帶。讓1½"鐵絲黏在紙膠帶上,紙膠帶往下摺到鐵絲最頂端,大約預留1"紙膠帶曝露在外。

剪出花瓣的形狀,把上面兩個角修圓,再以奇異筆修飾邊緣,大約製作10片花瓣。

2. 製作花蕾

拿起第一片花瓣,溫柔捲成管狀,再以更多花瓣包裹在外。

別忘了輕捲每片花瓣,模仿真實玫瑰的形狀。

3. 製作花莖

把鐵絲纏在一起,以綠色紙膠帶包裹,花莖就大功告成。

至於花萼,剪幾片綠色紙膠帶對摺黏合,作法跟花瓣差不多,但上半部剪成三角形,以綠色奇異筆修飾邊緣,下半部預留紙膠帶曝露在外。花萼黏在花的底部,紙膠帶玫瑰就完成了。

**傑森・波爾・史密斯
Jason Poel Smith**
在《MAKE》製作(DIY Hacks and How Tos)系列影片。致力鑽研各種技能,涉獵廣泛,從電子工程到手工藝都難不倒他。

材料

» **紅色紙膠帶**,3~4'／每朵玫瑰
» **綠色紙膠帶**,2~3'／每朵玫瑰
» **紙花鐵絲**或其他硬鐵絲
» **紅色和綠色奇異筆**
» **剪刀**
» **鐵絲剪(非必要)**

教學影片以及更多照片和製作祕訣,參見 makezine.com/go/duct-tape-rose

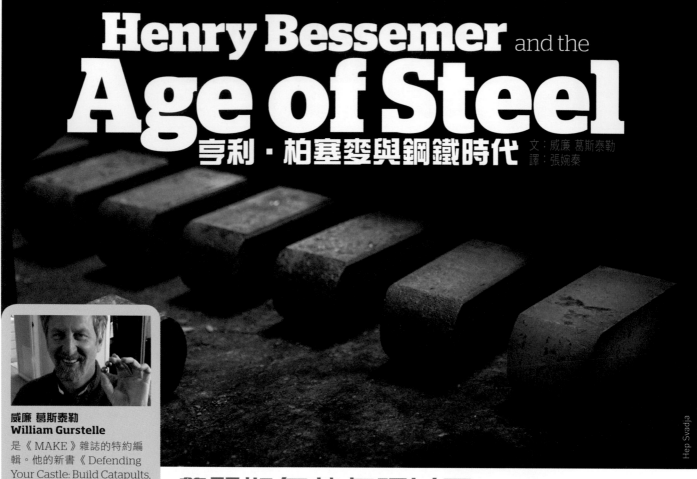

Henry Bessemer and the Age of Steel
亨利·柏塞麥與鋼鐵時代

文：威廉 葛斯泰勒
譯：張婉秦

Hep Svadja

威廉 葛斯泰勒
William Gurstelle
是《MAKE》雜誌的特約編輯。他的新書《Defending Your Castle: Build Catapults, Crossbows, Moats and More》現正發售中。

時間：
一個下午
成本：
5～10美元

材料
» 鋼琴線，直徑 3/32"，長 36"
» 熱縮套管，直徑 3/16"，長 8"
» 橡皮筋
» 大豆油，1 夸脫或 1 公升

工具
» 丙烷噴燈焰
» 鋼管，標準 3/4"，約 12" 長：
要注意 3/4" 的鋼管實際外徑約 1"。
» 大型尖嘴鉗
» 鯉魚鉗
» 厚手套
» 護目鏡
» 加熱板
» 煮糖用溫度計
» 附蓋子的鍋子
» 鋼絲絨
» 一壺水
» 鋸子
» 虎鉗

學習如何熱處理以及硬化構成我們世界的金屬：碳鋼

工業革命剛開始的時候，鋼鐵冶金最先進技術就是攪煉爐。鑄鐵工將最原始的「生鐵」置入攪煉爐開始鑄錠，然後從一個小洞不間斷地攪動熔融金屬。攪煉的工作酷熱又艱難，因此一個有經驗的鑄鐵工通常擁有高度的技巧。

當鑄鐵工開始攪拌，精煉過的一塊塊厚實的鐵會出現在這片液體中。他會聚集這些精煉鐵，用鍛鎚加工產出厚厚一片熱鍛鐵，可是經過這些作業，鍛鐵仍然缺乏鋼的強度跟特性。

鋼是鐵與碳的合金，但是在各方面的表現都優於普通的鐵。然而在 1856 年以前，並沒有實際可行的方式用以控制鐵中碳的比例，所以無法產製出業界能夠負擔起價格的鋼。

19 世紀中，鐵路開始蓬勃發展，但是以鍛鐵製成的鐵軌太軟——繁忙路線的鐵軌每 6 ～ 8 星期就必須更換。鋼製鐵軌耐用很多，但是價格過於昂貴。

不過，有個叫亨利·柏塞麥的聰明傢伙嶄露頭角。柏塞麥是一位英國工程師和冶金學家，在多種工程學科中，擁有 129 個專利。而讓他封爵並致富的發明，就是將鐵與焦炭變成鋼。

在尋找方式強化砲筒的時候，柏塞麥發現碳能融解在熔化的生鐵中，並輕易與氧氣結合。了解到這點，他堅決相信，如果可以對熔化的生鐵吹入噴射氣流，那麼他就可以藉由確實控制碳的成分，將生鐵轉化成更為強固的合金。

柏塞麥在倫敦的實驗室中建造一個實驗攪煉爐，有一個 4 呎高的高溫加熱室，以及一個 12 馬力的蒸汽引擎合力產生噴射氣流。當加溫室中的生鐵液化，他就開啟鼓風機，火球會從上方噴出。當他將熔化的金屬倒入鑄錠模，他欣喜地凝視「如清澈溪流般白熾發熱的可鍛鑄鐵，對眼睛而言太過耀眼而無法直視」。柏塞麥找到方法來製作便宜的鋼。

1859 年，柏塞麥設計了一個他稱為轉爐的工具（圖 Ⓐ、圖 Ⓑ），這是一個巨大、蕪菁造型

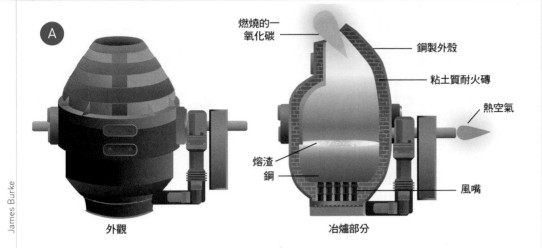

燃燒的一氧化碳

鋼製外殼

粘土質耐火磚

熱空氣

熔渣

鋼

風嘴

外觀

冶爐部分

James Burke

Alfred T. Palmer

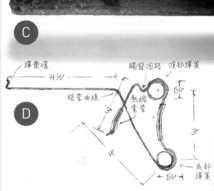

彈藥環 4½

觸發迴路 頂部彈簧

槍管曲線 3 熱縮套管

底部彈簧 ¼

Hep Svadja

（蘿蔔形狀）的容器，底部有孔洞（風嘴），從這邊打入壓縮空氣。柏塞麥將他的轉爐注滿熔化的生鐵，吹入壓縮空氣，然後發現生鐵中過量的碳跟矽確實在幾分鐘之內被清除乾淨。從那時候開始，經濟實惠的碳鋼被大量製造，鋼鐵時代正式展開。

打造鋼製橡皮筋手槍

鋼堅固又具有延展性，所以是非常重要的工業金屬。除此之外，鋼可以經由加熱處理的方式，使其更加堅固或柔軟，有彈性或沒彈性，具延展性或容易斷裂。

在這個專題中，你會利用加熱的方製處理鋼，以製作橡皮筋射擊槍：首先，你需要退火讓鋼柔軟並具有延展性，接著切割並塑形、淬火硬化，最後回火讓它堅固、有彈性，這些都是橡皮筋手槍必備的特性。

1. 穿戴好護目鏡與厚手套。

2. 用虎鉗夾住鋼琴線的一端。這個時候，金屬線非常僵硬而且難於塑造成形。點火將金屬線加熱到呈現如櫻桃般的紅色（圖C），向下緩慢移動，將整條線加熱處理。（櫻桃紅相對而言是比較黯淡的顏色。如果金屬線變得像橘色一樣明亮，代表你加熱過頭了。）加熱金屬線以及接下來空氣冷卻的過程稱為「退火」，讓堅硬的鋼琴線軟化並具有延展性。

3. 用虎鉗固定鋼管，將冷卻的金屬線沿著鋼管塑形，形成頂部跟底部的圓形彈簧（圖D）。

4. 使用虎鉗跟鋼絲鉗將金屬線彎曲成圖D中的彈藥環、觸發迴路，以及槍管曲線。用鋸子或是旋轉切割工具裁掉多餘的金屬線。

5. 用噴燈加熱頂部與底部的彈簧，直到呈現櫻桃紅（圖E）。一旦夠熱，就將金屬線浸泡在水中焠火硬化。將彈簧晾乾，並用鋼絲絨清除水垢（氧化鐵）。要小心──經過焠火，彈簧處的鋼非常堅硬易脆。那怕彎曲一點點，都有可能造成斷裂。

6. 將油倒入鍋中，加熱板至400°F，用溫度器確認溫度。使用時要注意──加熱油也許會產生煙，所以要在室外操作；如果在室內，開窗並確保室內通風。

7. 用瓦斯噴燈重新加熱彈簧，彈簧轉為櫻桃紅時停止加熱，並讓它們冷卻直到紅色完全消退。接著將彈簧浸入熱油中（圖F）。關掉加熱板，讓熱油以及彈簧溫度冷卻到室溫。這個冷卻過程相當緩慢，將會減少硬度，而保留鋼本身堅固與彈性的特性。

安全提醒

當處理熱油跟金屬線的時候要格外小心。大豆油發煙點的溫度非常高，大約450°F，即使到達那樣的溫度也不會很容易燃火。但還是要小心處理：

» 用電磁爐，不要用明火類的加熱器具

» 不要加熱讓油的溫度超過閃點

» 要將蓋子放在隨手可以拿到的地方，以防任何事件或問題發生

» 將能撲滅油類起火的滅火器放置在鄰近的地方

8. 將油清除乾淨，如圖所示，將三個熱縮套管裝在手把跟扳機的位置，然後用火柴或加熱板將套管收縮。如果加熱過程一切順利，你現在就有一個具有彈性的橡皮圈射擊器。上膛發射吧！

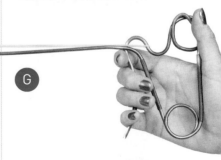

想看更多照片或分享作品，可以到makezine.com/projects/henry-bessemer-and-the-age-of-steel/

時間：1～2小時　成本：10～20美元

The Greenest Delay Timer

最環保的延遲計時器
文：查爾斯‧普拉特　譯：張婉秦

透過自製一個聰明的計時器電路，在週期內都不需要電流。還有什麼比這個更環保？

**查爾斯‧
普拉特
Charles
Platt**

著有《圖解電子實驗專題製作》（碁峰）、繪作《Make: More Electronics》，以及《電子元件百科大全》第一、二冊。第三冊正在籌備中。makershed.com/platt

材料

» 電阻，¼W：100Ω (1)、470Ω (1)、1kΩ (1)、10kΩ (3)，和1MΩ (1)
» 電容：0.01μF (2)、0.068μF (1)、2.2μF (1)、10μF (2)，和1,000μF (1)
» LED
» 觸碰開關，附有瞬時按鈕，Alps Electric 商品編號 SKQNAED010 或替代品
» 555 計時器 IC 晶片，TTL 型 (2)
» 繼電器，DPDT，9VDC：Omron 商品編號 G5V-2-H1 DC9 或相似品
» 揚聲器，2" 或 3"

工具

» 無焊麵包板
» 剪線鉗或剝線鉗

日常生活中少不了延遲計時器的多種應用。 在室外，當你從家裡走去停車的地方，也許只想要開燈1分鐘就好。在廚房，你會等食物煮好後發出的嗶嗶聲。你也許希望門鈴的聲音特別突出，這樣就可以確保一定聽得到──或是關掉浴室的加熱燈，以免你忘記。

不過延遲計時器有個問題一直很困擾我，就是需要供電這件事。我未必想在電源出口附近安裝計時器，但是我也不想要擔心電池有沒有更換。其實延遲計時器在沒有使用時，當中的CMOS元件只會用到小小的電流。不過，我還是覺得有點困擾，因為它們沒做事的時候還是會耗費電力。

我決定設計一個最環保並且可行的延遲計時器──在兩個週期內都不會用到電流，也就是零功率！如果它是電池供電，那一個全新的9V電池可以撐4～5年。

零功率電路

我想出的電路雖然特殊，但也簡單。當你按下按鈕，就會開啟555計時器晶片，在固定期間啟動繼電器。期間結束時，繼電器會關閉計時器，而計時器則關閉繼電器。聽起來是不是難以置信？看看圖 **A** 的示意圖，我已經都配好線，所以可以輕易地在麵包板上整線。

當按下按鈕，就能提供電力到計時器的腳位8。因為那個按鈕只能開啟計時器，而不是觸發計時器，所以我必須加上一個10μF的電容，讓一開始的低電位經過1k的電阻後，可以觸發腳位2的計時器。接著，一個10k的電阻會將腳位2維持在高電位。

計時器以單穩態型式接上電線（單擊電路）來發射單次延遲脈衝。脈衝會從腳位3傳到繼電器，這邊我已經用畫的顯示內部觸點。當右手邊的觸點關閉，它們會將電力傳回計時器的腳位8。所以現在繼電器為計時器提供電力，會持續直到按鈕被放開，因為計時器的輸出脈衝仍在持續讓繼電器運作。計時器跟繼電器相互支援──直到計時器的輸出脈衝結束。之後，繼電器的觸點打開，計時器就會被關閉。這個時候，我們沒有耗費任何電力，因為正負母線之間的電路是完全開啟的狀態。

你自然需要調整計時器的輸出脈衝以符合你的應用。在這邊我挑選的元件值是一個脈衝起碼要持續2秒。如果是較長的脈衝，上網搜尋「計算555期間」（calculate 555 duration），你就會找到網站跟你說要選擇多少的元件值。我建議保留1M的電阻，然後增加2.2μF電容的值。一個56μF的電容應該可以創造長度約1分鐘的脈衝。一個1,000μF的電容應該則可以到18分鐘。

繼電器左手邊的觸點可以被用來開關任你想要的東西，只要在製造商數據表上限定的範圍內（通常都是幾安培）。一個需要115VAC的高瓦數燈是可以被接受的。

加裝呼叫器

但是，如果你想要計時器在計時間隔結束時發出嗶嗶聲提醒，也就是「廚房模式」呢？也可以在待用狀態零功率的情況下使用嗎？

可以的，你只需要第二個計時器，可以簡單的由大電容器提供電力。圖 **B** 中，我將原有電路向下延伸。繼電器左上方的觸點現在從右上方的觸點接收電力，而一個1,000μF的電容由左手邊的觸點充電。當計時器的脈衝結束，觸點就會放鬆，電容就會放電到秒針555計時器的腳位8，這邊也接上電線來產生音樂鈴聲。鈴聲會持

Charles Platt

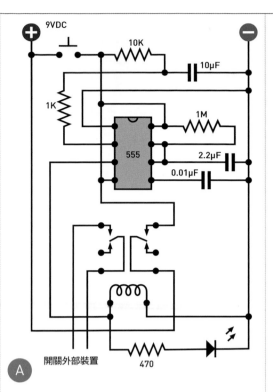

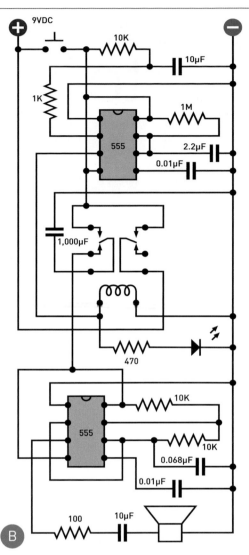

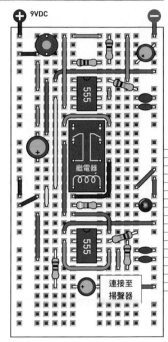

A

最環保的延遲計時器有著最簡單的設計,讓你可以安裝你選擇的組件以連結繼電器,它會在啟動時被關閉。

續約1秒鐘,直到電容消耗完畢。在這之後,電路再一次的沒有用到任何電力。

圖 C 展示整個電路的麵包板的接線。你可以藉由增加或減少1,000μF電容值,來調整鈴聲的長度,而且你可以調整第二個555計時器有關聯的電阻和電容的值,來改變鈴聲的音調,或再上網查詢適合的數值。

調整延時

當然,以一個具有廚房模式的計時器而言,你會希望可以選擇各種延遲時間。我們可以選擇延遲時間又保持零功率狀態嗎?難道我們不需要加裝計數器跟有數字顯示的螢幕嗎?

不用,當然不用——只要你願意稍微回到過去,用類比方式思考。很簡單的,只要用一個1M的可變電阻跟10k的電阻串聯,替換原本1M的電阻(這個電阻防止電位一路降低到零)。現在只要打開可變電阻,你就可以調整延遲時間。

你也需要經由反覆試驗來校準,但應該不會花費太多時間。然後,想想看會有怎樣的成果。當一個客人聲稱自己的生活型態非常環保,你可以很得意地指著自己的計時裝置,然後說,「這個設備無論如何都絕對不會用到任何電力」。怎麼可能有其他東西比這個還要環保?

最環保的外殼

要為那個最環保的計時器製作怎樣的外殼呢?通常我會用ABS塑料來製作,可是這樣的話,對這個專題來說會很諷刺,而我在戶外的庭院找到解答:一個適應了亞利桑那嚴苛天氣的老松木,裁切2×4大小。而本來用來吸取小嬰兒鼻子黏液的橡膠球注射器,被我用來製作令人一眼難忘的按鈕(圖 D)。

外殼最終看起來應該可以滿足永續社區的要求。你可以到 makezine.com/go/greenest-delay-timer 看製作方法。

最環保的延遲計時器擴充版本,當週期結束後都會發出鈴聲。

想看更多照片或分享作品,可以到 makezine.com/go/greenest-delay

電阻,¼瓦特:
- 100Ω(1)
- 10K(3)
- 1K(1)
- 470Ω(1)
- 1M(1)

電容:
- 0.01μF(2)
- 0.068μF(1)
- 2.2μF(1)
- 10μF(2)
- 1,000μF(1)

其他元件:
- LED
- 觸碰開關
- 555計時器 TTL type(2)
- 繼電器,DPDT,9VDC
- 揚聲器,2"或3"

C

延遲計時器的麵包板設置。

D

一個柔軟的橡膠球注射器,原本是用來清理嬰兒的鼻孔,非常適合用來當做按鈕。

用 LED 追蹤夜間發射的拋射物
Use LEDs to Track Night-Launched Projectiles

文：弗里斯特・M・密馬斯三世
譯：張婉秦

用橡皮圈或彈弓發射火箭模型跟拋射體到高處真的非常有趣。雖然火箭模型比較適合高空飛行，但你還是可以利用發光或閃爍 LED，製作便宜的拋射物，從中獲得許多樂趣。可以辦個比賽，看看哪一種設計發射得最遠；也可以做些實際的科學紀錄，利用設定照相機的曝光時間記錄拋射物的飛行，來研究飛行的穩定度、旋轉，以及速度。現在就動手做一個超級簡單，用彈弓發射的拋射物。

弗里斯特・M・密馬斯三世
Forrest M. Mims III

forrestmims.org）是一位業餘科學家、勞力士獎得主，並獲得《Discover》雜誌評選為「科學界50顆金頭腦」。他的著作已銷售過七百萬冊。

微光型彈弓發射火箭

Hobby Lobby 店面有販售一個組合，包含一打微型白光 LED，被安裝在小型的金屬圓筒中，還有電池跟旋轉開關的裝備。這些子彈造型的燈光很適合安裝在晚上用彈弓發射的小型慣性拋射物上。它們可以就這樣直接被發射，或是在一邊尾端貼上 6" 左右長掃帚上的稻草稈，當成穩定 LED 的夾具，這樣看起來就像一個微型的瓶裝火箭。把一個（或兩個）LED 打開，放在一個彈弓袋中（圖❶）。如果有加上稻草稈，它應該垂直向上，這樣就不會打到彈弓叉。接著，就可以在寬廣的草地上發射了。

空氣阻力對這些小型的拋射物會有非常不一樣的影響。未改裝的 LED 在飛行期間會一直滾動，而加有稻草稈的通常能提供較穩定的飛行狀態。然而，單純的 LED 有時候跟裝備有稻草稈的比較起來，反而能抵達較高的高度。你可以在長時間曝光的圖❷中看到：用一樣的彈弓同時間發射，未改裝的 LED 能到 102.6 呎，而有稻草稈的只能到 90.8 呎。我們是以鄰近會閃光發亮的高塔高度當成參考值，以判定飛行高度。

你可以用這些小型火箭獲得很多樂趣，同時還能做一些實際的科學實驗。例如，能維持穩定飛行的稻草稈最小長度為何？在特定的角度，所發射的小型火箭最遠的距離是多少？它們可以飛行到多高？為什麼這些裸裝的 LED 可以抵達跟

2

Forrest M. Mims III & Hep Svadja

裝備有稻草稈一樣，或是更高的高度？還有，為什麼它滾動的如此規律？

你也可以舉辦一場比賽，看誰的小型火箭飛的最遠，或是降落的地點最靠近目標。把LED漆上不同的顏色，讓它們持續發亮，直到所有參賽者都完成。

強化慣性火箭

在最近一次去白沙導彈博物館（White Sands Missile Range Museum）的時候，我購買了Monkey Business Sports的一個組合，內有三個天空火箭（Sky Rocket）標榜著「飛行高度高、徒手發射、泡綿火箭」，是用手持的塑膠製發射器把這幾個火箭送上天空。發射火箭的時候，如果你手腕跟著一甩，它就會飛到300呎高。

幫天空火箭安裝追蹤燈非常簡單。將白色LED的引線貼在鈕扣型鋰電池的另一頭，這樣LED平面那頭的引線就會在鋰電池的負極，然後把它固定在火箭的尾端（圖 3）（也可以用紙膠帶固定一個簡單的開閉開關，如 http://makezine.com/projects/extreme-led-throwies/步驟3所示）。

為了研究側傾率，你可以在火箭側邊被當成重心（平衡點）的洞中，安裝Hobby Lobby的LED，並用透明膠帶固定位置（圖 4）。圖 5 的長時間曝光顯示正常的飛行狀態，燈光的軌跡很清楚地顯示火箭的轉動。在飛行的早期階段，火箭移動速度最快，軌跡最長。照片中地面上的軌跡是來自於我的手電筒，因為我正走向發射站。

如果希望追蹤燈會閃爍，我還沒有找到比Coghlan's Brite Strike APALS更好的產品。它是一個非常纖細、重量又輕，尺寸為1"×2"的矩形，可以輕鬆地用透明膠帶黏在火箭的側邊。圖 6 長時間曝光的圖片顯示，藉由紅色的閃光清楚地標記出這次發射的最遠點。

拍攝夜間發射的拋射物

要記錄夜間發射火箭的飛行路徑，數位相機以及裝備有追蹤燈的慣性拋射物都是很理想的工具。圖 2、圖 5 跟圖 6 的飛行路徑是用Canon 7D，設定ISO 6400拍攝，鏡頭是20mm ～ 40mm 廣角，並且把相機固定在發射場150呎高的三腳架上。

早期進行拍攝時，我設定曝光時間為30秒，開啟快門後，趕緊跑到發射場，然後用手持塑膠製發射器或彈弓發射火箭。有一次晚上實驗之後，我整個累倒，之後我開始用無線快門遙控器，這大大簡化了發射的模式。當照相機被設定為10秒曝光，我走到發射場，按下發射器，然後發射火箭。

火箭可以抵達的高度可以藉由照片中一個已知高度的發光物體來判定。深黑的夜晚，或是無雲的天氣最適合。

飛得更遠

這個專題唯一的限制就是天空的高度。你可以輕易地打造屬於自己的慣性拋射物，看是利用紙張或是塑膠管，安裝紙製翅膀，跟一個玩具飛彈或是小型滾筒刷的泡綿製頭部。我曾經打造並發射一個簡單的火箭，利用我自製的發射臺，就是把氯丁橡膠油管的一環黏上手柄。夜間追蹤也可以同樣應用在水火箭（makezine.com/go/soda-bottle-rocket）、氣壓火箭（makezine.com/go/ high-pressure-foam-rocket），跟其他DIY的火箭跟拋射物。

安全注意事項

任何跟拋射物有關的專題，要多用點常識。一定要有人在旁監管小孩，火箭絕對不應該對著人或是建築物發射，而且一定要在寬闊的場地執行。要在白天的時候視察發射場地，確保沒有潛在的安全危害。當發射會彈性碰撞的推進火箭時，要穿戴乾淨的護目鏡。夜間發射時，每個參與者都應該要有手電筒。我戴上一個頭燈讓雙手得以自由活動。●

可以上 makezine.com/go/tracking-night-launched-projectiles 關注這個專題，並分享你夜間發射的經驗。

時間：
一個晚上
成本：
10～35美元

工具

» 玩具火箭，彈力發射，例如 Monkey Business Sports 出產的 Sky Rockets。
» 彈弓
» LED，自備電池供電，Hobby Lobby 商品編號 101675，或是替代產品。
» LED，白色
» 鈕扣型鋰電池，CR2325
» 自黏性燈管，工藝店可以買到 Coghlan 出產的 Brite Strike APALS 系列。
» 透明膠帶
» 照相機，需有快門模式或曝光時間設定的功能。
» 三腳架
» 閃光燈
» 護目鏡

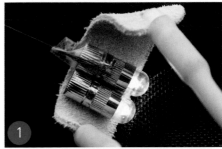

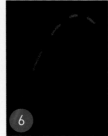

Forrest M. Mims III

文：傑森‧法布里　譯：張婉秦

Water Balloon Cannon

水球加農砲 用PVC製作簡易空氣槍，為你打贏水仗！

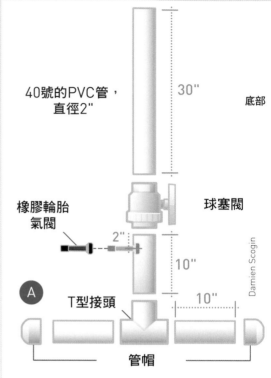

40號的PVC管，直徑2"

30"

底部

橡膠輪胎氣閥

球塞閥

2"

10"

A

T型接頭

10"

管帽

Damien Scogin

**傑森‧法布里
Jason Fabbri**

是一位軟體工程師、三個男孩的爸爸，也是個打造古怪事物的狂熱份子。當沒有任何瘋狂想法的時候，會發現他拿著扳手在整修復古摩托車。

**時間：
20~30分鐘
成本：
20~25美元**

材料

» PVC 管，2"，管號 40 或 80，5' 長。不要用 20 號，因為太薄。
» PVC 管接頭，2"：T 型接頭（1）、管帽（2），以及球塞閥（1）。
» PVC 黏著劑
» 輪胎氣閥，橡膠材質，非鋼製。

工具

» 鋸子
» 砂紙或銼刀
» 鑽孔機和鑽頭
» 腳踏車打氣筒

告訴我這是不是聽起來很熟悉：街上的小孩開啟了水球大戰，結果跑到你根本砸不到的地方。
那麼，就讓我來幫助你。現在為你的水球大戰裝備全新的武器：氣壓式的水球加農砲。組合過程很簡單，只要20分鐘，約20美元，你就可以反擊到對面馬路，或是整條巷子，甚至到下一條街。

這會讓那些想要弄濕你的人開始感到害怕。

1. 切割 PVC 管

將 PVC 管切割成一個 30" 長，跟三個 10" 長的管子。用砂紙或銼刀將毛邊磨平。

2. 安裝氣閥

在 10" 長的 PVC 管上，距離一端開口 2" 的地方鑽一個洞安裝氣閥。一開始先鑽個小洞，接著利用較大的鑽頭或銼刀擴大，洞孔要與氣閥緊密結合形成密封狀態。

從 PVC 管內部安裝閥桿，逐步讓它穿過直到密封嚴謹。

3. 黏著安裝

如圖所示組裝加農砲：首先安裝 T 型接頭跟管帽，接著是球塞閥，最後則是砲管（圖 A）。要確保密封，可以自由使用黏著劑，每個接頭轉 1/4 圈按壓固定。

4. 準備好發射

依照下面的步驟發射水球：

» 關閉球塞閥。如果維持開的狀態，你的水砲就會掉入所謂的「氣箱（ air tank ）」中，然後就消失了。

» 把水管放到砲管中，注入 3 " ～ 4 " 高的水。加入的水非常關鍵，它可以避免水球剛發射就爆掉。

» 製作跟砲管直徑一樣大的水球，大約 2 " 寬。水球的水裝太多也不會跑太遠。

» » 填滿氣箱。將閥桿接上空氣壓縮機或是腳踏車的打氣筒。千萬不要裝得太多，我建議 20 ～ 30 psi。

» 確認你沒有直接瞄準任何人（直線向上是個不錯的測試方向），然後動作迅速地打開止回閥。碰！你的水球發射出去，後面還跟著一道水徑。

這樣就完成了。簡單卻有用的水球加農砲會讓你成為所有鄰居小孩羨慕的對象。祝你有個愉快的水仗！ ✏

更多製作步驟的照片跟影片，請上 makezine. com/go/water-balloon-cannon。

1 2 3 特製汽水冷卻器

文：傑森・波爾・史密斯
插圖：安德魯・J・尼爾森
譯：張婉秦

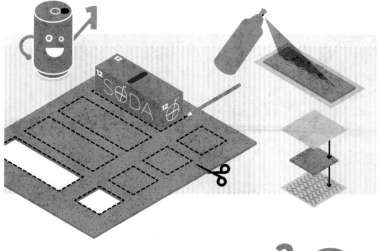

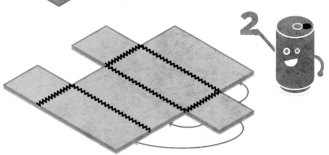

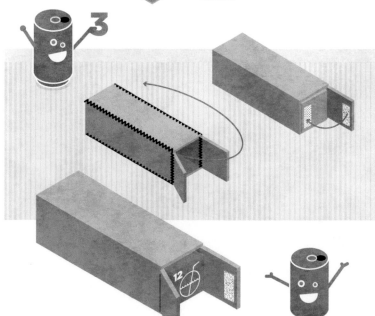

在天氣熱時，需要特製一個冷卻器保持飲料的冰涼！這邊會製作一個機動性的冷卻器，足夠容納一打12罐的汽水。把飲料從冰箱拿出來，放進你專屬的冷卻器中，然後出發。

1. 製作側邊

首先要決定冷卻器的形狀。»在發泡板上描繪出每一面的形狀。»接著依照線條切割。

在乙烯基板上大量使用噴膠。»接著貼上切割下來的圖板，每片之間的距離最少要1"。»再將另外一片乙烯基板噴上噴膠，然後貼在最上面。»放隔夜晾乾，然後裁切。

2. 組合冷卻器本體

依照組合之後的形狀將每一片板子排好，黏貼或縫在一起。»安裝好之後，修整接縫處，可是不要多於½"。

3. 翻面並完成接合處

小心的將冷卻器內側翻轉到外側，這樣所有的接縫面就會在內側。如果你擔心接縫處容易破損，在翻面之前，可以用長尾夾固定接縫處。最後，用拉鍊或是魔鬼氈來固定開口處的接合線，可以用黏著劑，或是縫合固定位置。現在你就可以準備清涼一下了。◐

材料

» **乙烯基板。**我是用乙烯基材質的桌布。
» **有彈性的發泡板，**像是工藝泡綿。
» **縫紉機或噴膠**
» **魔鬼氈或拉鍊**

傑森・波爾・史密斯
Jason Poel Smith

在《MAKE》的Youtube頻道上開設駭客專題「DIY Hacks and How Tos」。他不斷學習各種自造的技巧，從電子學到手工藝皆有涉獵。

在 makezine.com/go/custom-cooler 有更多的製作照片與影片，跟我們分享你的酷涼設計。

Pixel PALS

萬用板公仔

文：保羅・真泰爾　譯：屠建明

利用萬用板和Pixel Power底座，再接上Arduino，完成桌上眨眼公仔。

時間：30~60分鐘　成本：16美元

材料

» **Pixel Pals：** Chip 萬用板及 Pixel Power 焊接組，Maker Shed 網站商品編號 MKSS01，makershed.com. 內含印刷電路板（2）、LED（8）、電阻（2）、公母排針（2）、微型按鈕（2）、滑動開關、鈕扣型電池及電池座。

工具

» 烙鐵及 60/40 焊錫
» 焊嘴清潔海綿
» 鉗子
» 護目鏡
» 紙膠帶

保羅・真泰爾
Paul Gentile

這輩子都在做東西，從火車模型到多軸飛行載具都有。他和同樣身為 Maker 的琴・康索提（Jean Consorti）創辦了 Soldering Sunday（solderingsunday.com）來幫助所有年齡層和各種程度的 Maker 製作自己有興趣的東西。

不論是用 Pixel Power 開發板或 Arduino，Chip 萬用板上的 LED 大眼睛都會讓你目不轉睛。它的尺寸大，讓所有年齡層和各種程度的 Maker 都能輕鬆製作，可以當成學習焊接和 Arduino 入門的好工具。

1. 組裝 Chip 萬用板

將排針的短接腳穿過電路板正面的萬用板，接著將萬用板翻面。可以將萬用板黏在工作臺上，暫時固定。再來，焊接萬用板背面的短接腳。

插入電阻（沒有方向或正負極之分），讓它們貼齊萬用板的胸部。分開兩端針腳並固定，焊接到背面，並且在錫球上方將針腳剪斷，不要和電路板貼齊。

現在來裝 LED 眼睛：選取你最喜歡的顏色，然後將較長的針腳（正極）插入方形墊，短針腳（負極）插入圓形墊。接著焊接 LED 針腳並修剪。

2. 組裝 Pixel Power 底座

用膠帶固定滑動開關，方向沒有差別。翻面後進行焊接。插入左右兩邊的按鈕，確保它們對齊，之後焊接固定。對齊 10 腳位母排針後，用膠帶固定。首先焊接末端腳位來固定排針，接著完成每個腳位的焊接。再來插入電池座並焊接固定。

3. 開始玩！

這樣就完成了！將萬用板插上 Pixel Power 底座並裝入電池，然後就可以用按鈕來讓萬用板眨眼了。

你也可以用 Arduino 來控制萬用板的眼睛。在專題網頁（makezine/go/pixel-pal-chip）可以找到說明並上傳程式碼。

希望你帶萬用板公仔一同到處冒險，歡度許多快樂時光。 ◗

在專題網頁（makezine.com/go/pixel-pal-chip）和Twitter帳號（@Soldering-Sunday）可以看到組裝的步驟照片和影片，還能分享你的公仔照片，讓我們看看公仔交了哪些朋友。

Hep Svajda

Paul Gentile

Toy Inventor's Notebook

玩具發明家筆記 沙印鞋

發明、插圖：鮑勃 · 納茲格
譯：屠建明

時間：**1天** 成本：**5~10美元**

來個好玩又簡單的沙灘專題：改造夾腳拖，讓鞋子在沙灘上走路時印出圖案。只要把一點Sugru黏土黏到在鞋子上就可以開始蓋印章了！

首先，用稀釋醋徹底清潔鞋底，去除所有的油汙或塵土。接著讓鞋底完全乾燥，讓Sugru能牢牢黏住。

將包裝打開後，將Sugru按柔，接著捏成想要的形狀。做造型時，先將它滾成一條「小蛇」，再壓入鞋底。把底部推開並壓實，讓它黏穩。

造型不要太精細，因為在沙子裡很難看出來。做一些簡單、大膽的形狀，像是字母、數字、表情、符號和圖案。不管什麼造型，記得要反過來做，就像橡皮圖章那樣。

最後在所有的Sugru邊緣下壓。為求最佳效果，為圖案塑形時讓切面呈現三角形（如圖所示），這樣可以增加黏著性病防止底部脫落。

讓Sugru靜置24小時硬化，接著就可以在沙灘上蓋章了！

在濕潤的沙灘上效果最好。我用老舊的夾腳拖和一包過期的Sugru做出來的效果也很棒。

你想做些什麼圖案呢？
一起來大肆蓋章吧！ ◐

在makezine.com/go/foot-step-sand-stampers可以看到沙印鞋的成果照並分享你的設計。

Maker Shed上可以買到Sugru：makezine.com/go/sugru

TOOLBOX

好用的工具、配備、書籍以及新科技。
告訴我們你的喜好 *editor@makezine.com.tw*

譯：屠建明

Rockler 橡皮夾鉗

一把19.99美元、三把50美元
rockler.com

身為專業攝影師，夾鉗是重要的工具之一，棚拍和外拍時都不可或缺。Rockler橡皮夾鉗可以將線纜夾到竿子上，固定器材，讓我完美的背景可以平滑地貼在桌面。它的彈簧很有力，但需要單手使用時也很容易打開。我的手比較小，在操作大型夾子時常有障礙，但Rockler的夾子有橡膠塑形的柄，單手也容易使用，而它全尼龍／玻璃纖維的構造也減輕了我工具箱的重量。

它有夾墊可以抓穩物件，同時防止夾子留下痕跡，連脆弱的紙製背景都沒問題。夾墊還會旋轉，讓夾子可以用在有角度的物件或路燈柱等圓弧表面上。它的開口最大寬度達2吋，方便我用來將背景固定在較厚的桌面上，而不用攜帶一堆多餘的C形夾。

——海普・斯瓦加

Hep Svadja

KLEIN雙雷射
紅外線溫度計

130美元：kleintools.com

像很多其他的工具一樣，紅外線測溫槍受價格的影響很大。較便宜的機型通常測量溫度範圍較小，距離擴散率也較低，也就是說離測量的物體或表面愈遠，測溫時所納入的空間就愈大。

Klein IR2000A不是便宜貨，而且一用馬上就知道。

IR2000A最明顯的特徵是測量高溫可達1,022ºF，能測量燒燙的熱水管和柴燒披薩爐等等。

而且和多數測溫槍不同的是，它還有K型熱電耦輸入，讓你可以用隨附的實體探針測量高達1,400ºF的極端環境。

12:1的點比例代表它能夠在12英吋外測量物體上直徑一英吋的採樣表面，比較便宜的機型8:1的比例來得好。隨著距離擴展的雙雷射更能清楚顯示被測量的範圍。

還是必須說，它並不便宜，但它的距離、精確度和Klein的堅固外殼（額定防摔達6英呎）讓它成為我最信賴也最常用的工具之一。

——麥可・西尼斯

SCREWPOP
多用途刀

6.95美元：screwpoptool.com

密蘇里州發明家布雷特・費雪（Brett Fischer）於2009年創立了Screwpop Tools公司。他們的旗艦產品是一款結合螺絲起子、螺帽扳頭和開瓶器，能掛在鑰匙圈上的綜合工具。費雪在2010年初計了一個給我，從此它就在我的鑰匙圈上，五年來歷經風霜，依然可靠。於此同時，Screwpop的「鑰匙圈工具箱」系列產品持續擴展，現在包含了鉗子、扳手、儲物盒、打火機座和手電筒。

這個系列最新的這把多用途刀能安全收納一對標準折刀，並在使用時牢靠地固定在切割位置。這些工具的價格都不超過7美元，而且都具備Screwpop講究功能性、可靠、耐用以及平價的設計風格（還有堪稱招牌的一體成形開瓶器，讓你完工時可以慶祝）。市面上對相同的用途有更好的工具嗎？當然。但工具再好，如果需要時不在手邊也是枉然。

——尚・雷根

PARK TOOL
三向式車輻扳手

10美元：parktool.com

這陣子我一直在鼓勵我女朋友騎腳踏車，所以有人送她一輛時我很高興。可惜因為後輪嚴重變形，每轉一圈都會偏向一次。因此我買了一把Park Tool的三向式車輻扳手，用它修復搖晃欲墜的腳踏車。

它的小尺寸可以放進工具包，也夠便宜，可以多買一個在家裡備用。好用的程度讓我覺得短時間內沒有必要升級。具備三種典型的接頭尺寸代表它可以用在我女友的新腳踏車、我的舊腳踏車和幾乎任何沒見過的腳踏車。

這塊金屬會活得比我還久。

——山姆・費理曼

TOOLBOX

LOCTITE 425 ASSURE
塑膠扣環螺絲固定劑

20美元／20克（0.71盎司）：henkelna.com

要防止機器人的扣環鬆脫有很多種方法。其中一個是使用鎖緊墊圈；另一個是使用尼龍鎖緊螺帽。但如果要處理的是直接切進雷射切割塑膠的機器螺釘呢？這時選項就少多了。

當你不想用特殊墊圈或螺帽時，螺絲固定劑是個好選擇，但事情沒那麼單純：常見的配方Loctite 242對塑膠零件而言不安全，因為長期下來可能形成裂痕。這個情況下，你需要Loctite嚴格說來是快乾膠的425配方。它的基礎是氰基丙烯酸酯，讓它有和強力膠類似的特性。

Loctite的425 Assure螺絲固定劑可以安全用於塑膠材質，而且因為它是低強度的黏著劑，你可以在機器人需要維修時仍然可以把經固定的扣環卸除。

根據Loctite，它也可以用來為螺絲頭和可變電阻進行防拆處理。

——史都華・德治

小提醒
這不是可以買來「以備不時之需」的產品：每瓶都有保存期限。

ACTOBOTICS BOGIE RUNT
探測車

70美元：servocity.com

想要製作一臺可以爬越障礙物的滾動機器人嗎？你的最佳選擇是Bogie這種探測車底盤：堅固、靈活，而且可以搭配你的微控制器和感測器套件。它含有一個附有固定孔的6"×9"ABS底盤，並透過六個獨立驅動的輪子來提供推進。沒錯，這個套件有六個馬達，但電子元件方面就只有這樣了。和它同名的搖桿轉向架（bogie）懸吊讓機器人能輕鬆爬過障礙物，而且在底盤下還有5"的淨空高度。

Bogie並非孤單的存在。你可以直接在底盤上加裝Actobotics的機器人零件（SparkFun及ServoCity有售），或是在ABS上鑽孔，要裝什麼都可以。

——約翰・白其多

MINNOWBOARD
MAX開發板

145美元：minnowboard.org

知名度尚不如Intel的Galileo或Edison開發板的MinnowBoard Max可能就是最適合你下一個專題的Intel開發板。Max是Intel最開放原始碼的開發板，而且有兩個硬體設置供選擇：強大版和更強大版。後者有一個擁有2GB的DDR3 RAM和真正1GB的乙太網路的1.33雙核心64位元Intel Atom處理器，都在2.9"×3.9"的板子上；這在小型、平價的開發板是很罕見的。

Max為將程式碼主線編譯至Linux核心建立了高標準，而我也沒見過其他開發板有適用於Android開放原始碼計劃（AOSP）的設置。其他賣點還包括開放原始碼影片驅動程式、SATA、以及PCIe接頭。用於開發，這板子是來真的。

——大衛・謝爾特瑪

ORTLIEB BACK-ROLLER肩背四用包
（圖片為手提背包功能）

對包組185美元；背包背帶37美元：
ortliebusa.com

深受自行車騎士信賴的Ortlieb馬鞍袋是我們工作夥伴之間的最愛。它們不僅有我們測試過的款式中最簡便的固定機制，更耐用、防水，而且和多數的背包設計相比，不需要把繫帶塞起來藏好。我很愛它的加裝背包（可以捲起來，不佔空間），但身材較矮的夥伴們覺得不太合身，並感覺「鬆垮」。

——傑森・鮑勃勒

為什麼要用馬鞍袋？

我們在灣區的工作夥伴們很喜歡騎腳踏車，也各有不同的理由，像是休閒、通勤或省錢，而我們都需要一件東西：耐用、防風雨、能保護工具、科技產品和配件的袋子。

我們在這裡與你分享幾款我們最喜歡的，你也可以自己做一個！

ROUTE SEVEN

139美元：northstbags.com

拿起來的時候就能感覺到，它很「讚」。這是市面上最潮的馬鞍袋之一。它的反光板很大，而且位置極佳。我們在露營時用頭燈照它，看起來就像它自己在發光。重量輕、設計簡約。雖然沒有背包配件，但加分點有側邊大口袋、防水構造，而且產地是美國奧勒岡州波特蘭市。

HIGH ROLLER
36公升馬鞍袋

129.95美元：greengurugear.com

這一家生產環保回收馬鞍袋的公司，推出了我們測試過最大也最重的包包。它的兩用功能很酷，加上幾層材料和魔鬼氈來固定繫帶，可以當成馬鞍袋使用；加上鉤子，則可以做為背包。它適合需要攜帶大量器材的長途旅行，但如果是放置常常取出和放入的日常物品就不太好用。做工很棒，有容易延展和覆蓋的外層。

兩用防水
背包側袋

79.99美元：banjobrothers.com

簡約的兩用設計讓它與眾不同：一邊是馬鞍袋勾、另一邊是背包繫帶。這款馬鞍袋有一個大型、可卸除的防水包和一個可以從兩邊取物的好用拉鍊口袋。我們也很喜歡它的大型反光帶和可調式的鉤子。它有這系列的推薦中最佳的價格及功能搭配，也是我們最喜歡的款式之一。

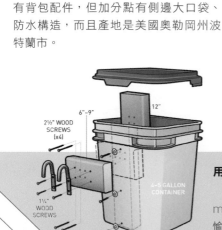

2½" WOOD SCREWS [x4]
6"-9"
12"
4-5 GALLON CONTAINER
1¼" WOOD SCREWS
1¼" WOOD SCREWS + WASHERS

用5加侖桶子製作10美元的馬鞍袋

用貓砂桶加上木材、鉤子、螺絲、墊圈和舊的腳踏車輪內胎就能自己做出側袋。在makezine.com/go/5gallon-bucket-panniers可以找到這個專題的逐步教學。騎車愉快，並祝載重成功！

PRINTRBOT METAL PLUS

Printrbot Plus獲得金屬升級，改良不負眾望。

文、圖：克里斯·優西　譯：屠建明

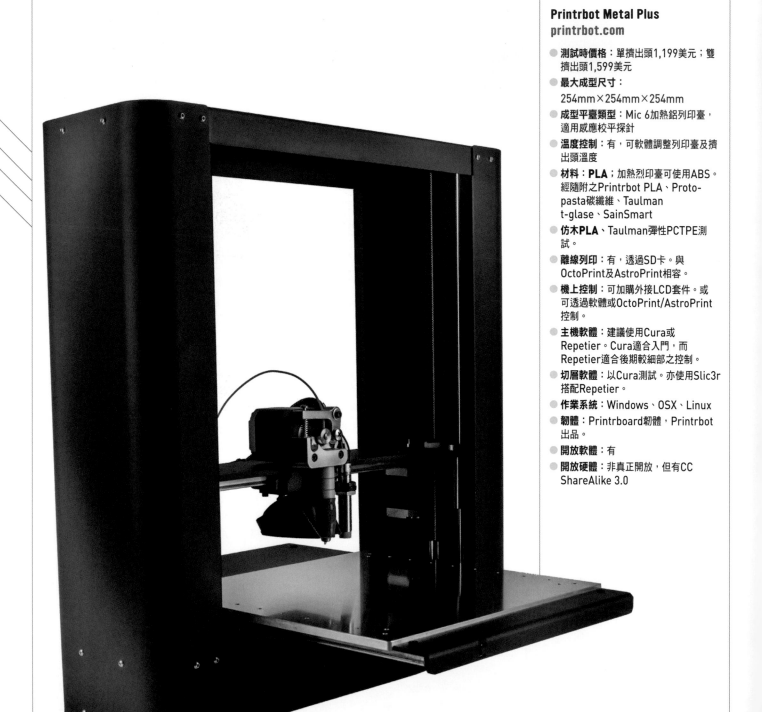

Printrbot Metal Plus
printrbot.com

- **測試時價格**：單擠出頭1,199美元；雙擠出頭1,599美元
- **最大成型尺寸**：
  254mm×254mm×254mm
- **成型平臺類型**：Mic 6加熱鋁列印臺，適用感應校平探針
- **溫度控制**：有，可軟體調整列印臺及擠出頭溫度
- **材料：PLA**；加熱烈印臺可使用ABS。經隨附之Printrbot PLA、Proto-pasta碳纖維、Taulman t-glase、SainSmart
- **仿木PLA**、Taulman彈性PCTPE測試。
- **離線列印**：有，透過SD卡。與OctoPrint及AstroPrint相容。
- **機上控制**：可加購外接LCD套件。或可透過軟體或OctoPrint/AstroPrint控制。
- **主機軟體**：建議使用Cura或Repetier。Cura適合入門，而Repetier適合後期較細部之控制。
- **切層軟體**：以Cura測試。亦使用Slic3r搭配Repetier。
- **作業系統**：Windows、OSX、Linux
- **韌體**：Printrboard韌體，Printrbot出品。
- **開放軟體**：有
- **開放硬體**：非真正開放，但有CC ShareAlike 3.0

依循較小型姊妹機進行的金屬框架改造，Printrbot Metal Plus 從雷射切割木質框架轉型為粉體塗裝金屬外殼。這種堅固的框架和前一帶相比多個面向帶來提升，也在我們的測試中展現好成績。它有比前一代更厚重的Z軸，而X和Y軸則在線性的軌道和車上運行，讓印表機有非常順暢的運動。我們拿到的機器附有陶瓷製的Ubis熱端，以及鋁製擠出頭和鋁製建造板及加熱列印臺，反應速度和加熱都很快，因為採用了標準ATX電源供應器。

預先貼上的Kapton膠帶對於我們所測試的彈性線材效果很好，但大部分的測試中我們還是使用普遍的藍色遮蔽膠帶。

設置容易、風格更多元、穩定度提升

Metal Plus是用穩固的雙層紙箱運送。開箱很簡單：把它從內箱中取出並拆除塑膠模後，包裝就剩下一條束帶了。鍵合式的電源接頭讓印表機的設置彈指間就完成。

我們從開箱到列印只花了30分鐘，包含下載並安裝Cura以及進行Z軸探針校正程序的時間。金屬框架更為穩固，有助於列印表面平滑的物件。金屬材質的粉體塗裝擠身我們近期看到較具設計意識的印表機之列。仍然維持開放原始碼的設計，而且不會過於複雜。隨附的ATX電源供應器是塔型的金屬材質，和Plus的外觀一致風格，並且有內建的捲線軸。這個協調塔是個很好的搭配，也讓工作區域看起來更整齊。

線材接受範圍極廣

用隨附的PLA列印效果相當好，我們以預設設定取得很好的表面效果，在曲面也是。懸空列印的測試是最具挑戰性的部份，需要調整多項設定，而我們的XY平面共振測試結果是以1mm壁面測量。我們一件接著一件列印，而絕大多數成品都是成功的，其中包含多個長達數小時的艱鉅測試。

我們用不同的線材列印一系列的Makey機器人，而我們驚喜地發現只要稍微調整溫度就能在材質間切換。有額外支撐得鋁製甚至能夠處理彈性線材，但一如往常，使用彈性線材需要花點時間調整列印設定來避免黏著。

易使用、可升級

我們在測試過程中不是完全沒遇到問題，但我們使用初期版本機器時發現的問題都已經在量產版本解決，更有新增功能。單擠出頭和雙擠出頭兩個版本都有加熱列印臺，而且結合熱屏障來防止因膨脹造成的黏著。線路疲勞也已透過X軸車架上提供更佳拉力釋放的Delrin延伸來降低。

我們把遇到的問題當做深入機器的機會，藉此研究未來會需要哪些保養和升級。機器的配置相當單純，接線也容易尋找。雖然這種規模的機器稱不上簡單，因為有提供線上的機械圖和組裝說明，不會超出一般Maker的理解範圍。這對想要加裝LCD面板，甚至幫電子元件加裝散熱風扇的使用者而言是好消息，而且這兩種裝置在基座上已經有內建的連接點。

結論

Metal Plus滿足了我們一般對Printrbot的期待：穩固耐用的整套機器搭配實在的價格。他有大型的列印臺、開箱即用就有良好表現，更可以讓進階使用者為特殊用途進行修改。說真的，這臺印表機可以讓幾乎所有類型的人使用：教師、藝術家、設計師、想要入手更高階機器的人，以及想為機群添購強大生力軍的人。

列印評分：36

項目	評分
● 精確度	1 2 3 **4** 5
● 層高	1 2 3 4 **5**
● 橋接	1 2 **3** 4 5
● 懸空列印	1 2 **3** 4 5
● 細部特徵	1 2 3 **4** 5
● 表面曲線	1 2 3 **4** 5
● 表面總評	1 2 3 4 **5**
● 公差	1 2 3 **4** 5
● XY平面共振	不合格　合格 (2)
● Z軸共振	不合格　合格 (2)

專業建議

● 務必閱讀Printrbot的Z軸探針校正指南，才不會剛開箱就把列印臺弄壞了。

● 要操縱Cura中的進階回縮設定時不用遲疑。稍微升高可以讓擠出頭不會卡住。

● 如果支援網站資訊不足，可以前往 **printrbottalk.com**。另外可以注意 **YouMagine** 發布的「官方」DIY附加元件。開心地開始玩吧！這臺印表機不管是碳纖維、**t-glase**、仿木材質或彈性材質都能列印。

購買理由

它的大型成型空間終於可以比擬較小的姊妹機Metal Simple的使用順暢和配置。列印結果良好、暖機快速以及自動校平功能讓它成為一款值得高度推薦的機器。

列印成品

克里斯 · 優西
Chris Yohe
正職是軟體開發人員，其餘時間是硬體玩家和3D列印愛好者。和很多相同身分的人一樣，他正逐步聚集著他的生產大軍。

BOOKS

BRICK JOURNAL
積木世界

國際中文版 ISSUE 3

TwoMorrows

320元 馥林文化

　這一期主題是建築，各式各樣的建築，美國都市建築、泰國豪華別墅、日本和印度建築、中西宗教建築、臺灣特色建築、奇幻建築等。每座建築物都有一段歷史，創作者在仿擬真實的建築物時，研究背後的時代背景和風格元素；設計一棟建築物，則想像居住在其中的人物，會有怎麼樣的需求和習慣──這些建築創作不只是冰冷的結構，更透露了時代感和人情味。一覽大家的創作後，自己都忍不住想要打造一棟小屋了！

　《積木世界》第三期增加了臺灣內容的篇幅，除了固定專欄〈戴樂高玩樂高〉、〈帕奇大陸創作團隊〉、〈臺灣特色建築〉之外，編輯部也為大家收集了國內外的活動訊息、樂高店家資訊等，希望提供讀者更多元的內容，成為樂高迷交流的平臺，也歡迎大家投稿分享自創作品。

動手玩科學：
邊玩邊學的兒童教育

柯特‧蓋比爾森

380元 馥林文化

　要怎麼樣才能帶著孩子做出一個個成功的自然科學專題呢？如果孩子問了你答不出來的問題該怎麼辦？我們又要怎麼樣才知道孩子有從中學習？在工作坊中「摸來摸去」的孩子真的有學到東西嗎？

　「玩中學」的概念是並非新創，從人類有歷史開始，當人們想要瞭解更多的時候，最有效的方法就是透過不斷的「動手嘗試」、觀察周遭的實物進而一窺真理的面貌。

　《動手玩科學：邊玩邊學的兒童教育》將會帶領你了解「動手玩科學專題」的方法、竅門和背後的教育思路。作者柯特‧蓋比爾森推廣「玩中學」的科學教育達二十餘年，在孩子們「東摸西摸」做專題的過程中在一旁輔導，使得孩子們得以在實作中學到扎實的知識！

　本書針對成人而寫，希望給予帶領孩子的大人們一些策略和想法，使得大人們在帶領孩子做專題時不會無所依歸。

自造者空間成立指南──
動手做需要用到的工具、
設備與技術一覽

亞當・坎普

380元 馥林文化

自造者空間對於自造者來說是非常重要的，你可以從商店買到組裝的商品，但你在商店中卻買不到自造者間的交流與合作。自造者空間就是一個提供你介於商店與個人間的最佳選擇。

想要打造一個可以用來設計與製作電子硬體、編寫程式與製作專題的分享空間嗎？跟著這本圖文並茂的書籍指南，你將會了解如何成立一個自造者空間。書中會告訴你如何找尋、成立、規劃設備與活用工具和技術，讓每個人都可以隨著自造者空間一起成為自造者。

壓克力機器人製作指南

三井康亘

420元 馥林文化

「壓克力機器人」約於40年前誕生，以透明壓克力板加工製作，並具備簡單的動作構造，本書為其製作指南。內容包含許多模仿動物或昆蟲等獨特動作的機器人；不論是孩提時代曾熱衷於「壓克力機器人」或是第一次接觸的讀者，都能藉由本書踏入進化後「壓克力機器人」世界。

作者三井康亘為機器人藝術家。1947年生於大阪，後進入同志社大學的機械工程學系就讀，畢業後前往東京成為插畫家，並於1974年秋天開始製作壓克力機器人。至今為止已製作了大約2,000臺。也因身為TAMIYA「ROBOCRAFT系列」及Vstone公司「M系列」的機器人開發者而知名。2012年8月開始於《ROBOCON》連載〈壓克力機器人研究所〉專欄。

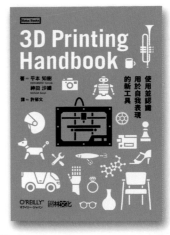

3D Printing Handbook──
使用並認識用於自我表現的新工具

平本知樹、神田沙織

320元 馥林文化

現在3D印表機備受矚目，不僅因為它的價格不再高不可攀，也因為許多人漸漸對於購買、使用、製造等行為的看法有所改變。

本書內容除了包含3D列印的方式、所需資料、精密度以及耗材種類等3D印表機的各種基礎知識，還有3D建模的基本概念，讓你跟著步驟在已公開的iPhone手機殼模型上加入簡單的文字與圖形，製作出專屬的iPhone手機殼。也有如何使用網路應用程式製作首飾與配件的方法，以及個人用3D印表機列印的實際範例。

機器人程式超簡單：
LEGO MINDSTORMS EV3動手做

郭皇甫、蔡雨錡、曾吉弘

480元 馥林文化

樂高EV3機器人結合了簡單易用的圖形化程式環境，以及更強更快的控制核心與感測器，搭配後馬上就能完成您的第一臺機器人。您可以結合樂高各種不同的零件，讓機器人完成各種複雜的動作功能，並在實作中理解各種機械與物理原理。

本書內含數十個程式範例，包含機器人行為設計、感測器、音效以及藍牙遙控等許多整合式機器人應用，是您在學習機器人的路程中一本實用的專題指南，非常適合各級教學單位使用。

自造者世代 <<<<<<

從您的手中開始!

讓我們幫您跨越純粹理論與實際操作間的最後一道門檻

方案 A ········· **新手入門組合** <<<<<<<<<<

訂閱《Make》國際中文版一年份＋
Arduino Leonardo 控制板

NT$**1,900** 元

（總價值 NT$2,359 元）

方案 B ········· **進階升級組合** <<<<<<<<<<

訂閱《Make》國際中文版一年份＋
Ozone 控制板

NT$**1,600** 元

（總價值 NT$2,250 元）

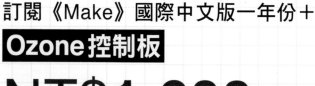

微電腦世代組合 <<<<<<< 方案 C

訂閱《Make》國際中文版一年份＋
Raspberry Pi 2控制板

NT$2,400 元

（總價值 NT$3,240 元）

自造者知識組合 <<<<<<< 方案 D

訂閱《Make》國際中文版一年份＋
自造世代紀錄片DVD

NT$1,680 元

（總價值 NT$2,110 元）

注意事項：
1. 控制板方案若訂購 vol.12 前（含）之期數，一年期為 4 本；若自 vol.13 開始訂購，則一年期為 6 本。
2. 本優惠方案適用期限自即日起至 2016 年 5 月 31 日止

Make:

戰鬥機甲 21 世紀簡史
A Brief History of 21st Century BattleMechs

文：詹姆士‧柏克　譯：王修聿

歡迎蒞臨太陽系內天體世界科學史料館。欲選擇您想瞭解的世紀，請……您已選擇第 21 世紀：地球。

天體共和國的科學家一直驚嘆於早期航空文明的發明遺跡。從傳統電腦到原子分裂，我們現今的研究已有所進展，持續解開了許多超光速前時代的文化之謎。目前的展出品中，最好的例子就是第一代戰鬥機甲。雖然先前的史料將麥基 MSK-65（Mackie MSK-65）列為第一代戰鬥機甲，ComStar 最新發現的史料則指出，巨型機器人馬克 2 號（MegaBots Mark II）比原本的第一代戰鬥機甲早了 4 百年出現！次輕量級的馬克 2 號僅僅 6 噸重，是 31 世紀標準戰鬥用機甲的原型。

這臺不可思議的古老機器人出現在小型核融合反應器、脈衝步槍，甚至是動力裝甲等機甲科技發明前，用的是化石燃料引擎、鋼鐵裝甲和空壓式武器。

有趣的是，馬克 2 號並不是在地球戰場前線常見到的攻擊型戰甲。馬克 2 號如古羅馬戰士一般，適合競技場戰鬥，其所使用的彈道型武器也反映出這種文明高雅的戰鬥模式。這臺巨型機器人於 21 世紀末期在北美洲各大競技場廣受喜愛，它會利用漆彈在對手身上作記號。這具高達 15 呎的笨重鋼鐵機器人雖然比不上現代的戰鬥機甲，卻代表著機甲科技的起源，並逐漸演變成現代位居戰鬥主力長達一千多年的戰鬥機甲。這令人不得不好奇，人類究竟還有什麼成就隨著時間消失在歷史中呢？ ◐

請務必勾選訂閱方案，繳費完成後，將以下讀者訂閱資料及繳費收據一起傳真至（02）2314-3621 或撕下寄回，始完成訂閱程序。

請勾選	訂閱方案	訂閱金額
☐	自 vol._____ 起訂閱《Make》國際中文版 _____ 年（一年 6 期）※ vol.13（含）後適用	NT $1,140 元 （原價 NT$1,560 元）
☐	vol.1 至 vol.12 任選 4 本，_____	NT $1,140 元 （原價 NT$1,520 元）
☐	《Make》國際中文版單本第 _____ 期 ※ vol.1～Vol.12	NT $300 元 （原價 NT$380 元）
☐	《Make》國際中文版單本第 _____ 期 ※ vol.13（含）後適用	NT $200 元 （原價 NT$260 元）
☐	《Make》國際中文版一年＋ Ozone 控制板，第 _____ 期開始訂閱	NT $1,600 元 （原價 NT$2,250 元）
☐	《Make》國際中文版一年＋ Raspberry Pi 2 控制板，第 _____ 期開始訂閱	NT $2,400 元 （原價 NT$3,240 元）
☐	《Make》國際中文版一年＋《自造世代》紀錄片 DVD，第 _____ 期開始訂閱	NT $1,680 元 （原價 NT$2,100 元）

※ 若是訂購 vol.12 前（含）之期數，一年期為 4 本；若自 vol.13 開始訂購，則一年期為 6 本。
（優惠訂閱方案於 2016／5／31 前有效）

訂戶姓名 ☐ 個人訂閱 ☐ 公司訂閱		☐ 先生 ☐ 小姐	生日	西元_____年 _____月_____日
手機			電話	（O） （H）
收件地址	☐ ☐ ☐			
電子郵件				
發票抬頭			統一編號	
發票地址	☐ 同收件地址　☐ 另列如右：			

請勾選付款方式：

☐ 信用卡資料（請務必詳實填寫）				信用卡別　☐ VISA　☐ MASTER　☐ JCB　☐ 聯合信用卡			
信用卡號		–		–		–	發卡銀行
有效日期	月	年	持卡人簽名（須與信用卡上簽名一致）				
授權碼	（簽名處旁三碼數字）		消費金額			消費日期	

☐ 郵政劃撥 （請將交易憑證連同本訂購單傳真或寄回）	劃撥帳號	1 9 4 2 3 5 4 3
	收款戶名	泰 電 電 業 股 份 有 限 公 司

☐ ATM 轉帳 （請將交易憑證連同本訂購單傳真或寄回）	銀行代號	0 0 5
	帳號	0 0 5 - 0 0 1 - 1 1 9 - 2 3 2

✂ 請沿虛線剪下